나 혼자 푼다

바빠
수학 문장제

막막하지 않아요~

이지스에듀

지은이 | 징검다리 교육연구소, 최순미

징검다리 교육연구소는 적은 시간을 투입해도 오래 기억에 남는 학습의 과학을 생각하는 이지스에듀의 공부 연구소입니다. 아이들이 기계적으로 공부하지 않도록, 두뇌가 활성화되는 과학적 학습 설계가 적용된 책을 만듭니다.

최순미 선생님은 징검다리 교육연구소의 대표 저자입니다. 지난 20여 년 동안 EBS, 동아출판, 디딤돌, 대교 등과 함께 100여 종이 넘는 교재 개발에 참여해 온, 초등 수학 전문 개발자입니다. 이지스에듀에서 《바빠 연산법》, 《나 혼자 푼다 바빠 수학 문장제》 시리즈를 집필, 개발했습니다.

나혼자푼다 바빠 수학 문장제 1-1

(이 책은 2017년 4월에 출간한 '나 혼자 푼다! 수학 문장제 1-1'을 새 교육과정에 맞춰 개정했습니다.)

초판 발행 2024년 5월 25일
초판 2쇄 2024년 12월 25일
지은이 징검다리 교육연구소, 최순미

발행인 이지연   **펴낸곳** 이지스퍼블리싱(주)
출판사 등록번호 제313-2010-123호   **제조국명** 대한민국
주소 서울시 마포구 잔다리로 109 이지스 빌딩 5층(우편번호 04003)
대표전화 02-325-1722   **팩스** 02-326-1723
이지스퍼블리싱 홈페이지 www.easyspub.com   **이지스에듀 카페** www.easysedu.co.kr
바빠 아지트 블로그 blog.naver.com/easyspub   **인스타그램** @easys_edu
페이스북 www.facebook.com/easyspub2014   **이메일** service@easyspub.co.kr

기획 및 책임 편집 김현주 | 박지연, 정지연, 이지혜   **교정 교열** 방혜영   **전산편집** 이츠북스
표지 및 내지 디자인 손한나   **일러스트** 김학수, 이츠북스   **인쇄** 보광문화사   **독자지원** 박애림, 김수경
영업 및 문의 이주동, 김요한(support@easyspub.co.kr)   **마케팅** 라혜주

ISBN 979-11-6303-591-6 64410
ISBN 979-11-6303-590-9(세트)
가격 **12,000원**

• **이지스에듀**는 이지스퍼블리싱(주)의 교육 브랜드입니다.
(이지스에듀는 학생들을 탈락시키지 않고 모두 목적지까지 데려가는 책을 만듭니다!)

이제 문장제도 나 혼자 푼다!
막막하지 않아요! 빈칸을 채우면 저절로 완성!

∷ 1학기 교과서 순서와 똑같아 효과적으로 공부할 수 있어요!

'나 혼자 푼다 바빠 수학 문장제'는 개정된 1학기 교과서의 내용과 순서가 똑같습니다. 그러므로 예습하거나 복습할 때 편리합니다. 1학기 수학 교과서 전 단원의 대표 유형을 개념이 녹아 있는 문장제로 훈련해, **이 책만 다 풀어도 1학기 수학의 기본 개념이 모두 잡힙니다!**

∷ 나 혼자서 풀도록 도와주는 착한 수학 문장제 책이에요.

'나 혼자 푼다 바빠 수학 문장제'는 어떻게 하면 수학 문장제를 연산 풀듯 쉽게 풀 수 있을지 고민하며 만든 책입니다. 이 책을 미리 경험한 학부모님들은 **'어려운 서술을 쉽게 알려주는 착한 문제집!'**, '쉽게 설명이 되어 있어 아이가 만족하며 풀어요!'라며 감탄했습니다.

이 책은 **조금씩 수준을 높여 도전하게 하는 '작은 발걸음 방식(스몰 스텝)'으로 문제를 구성**했습니다. 누구나 쉽게 도전할 수 있는 단답형 문제부터 학교 시험 문장제까지, 서서히 빈칸을 늘려 가며 풀이 과정과 답을 쓰도록 구성했습니다. 아이들은 스스로 문제를 해결하는 과정에서 성취감을 맛보게 되며, 수학에 대한 흥미를 높일 수 있습니다.

∷ 수학은 혼자 푸는 시간이 꼭 필요해요!

수학은 혼자 푸는 시간이 꼭 필요합니다. 운동도 누군가 거들어 주게 되면 근력이 생기지 않듯이, 부모님의 설명을 들으며 푼다면 사고력 근육은 생기지 않습니다. 그렇다고 문제가 너무 어려우면 아이들은 혼자 풀기 힘듭니다.

'나 혼자 푼다 바빠 수학 문장제'는 쉽게 풀 수 있는 기초 문장제부터 요즘 학교 시험 스타일 문장제까지 단계적으로 구성한 책으로, **아이들이 스스로 도전하고 성취감을 맛볼 수 있습니다.** 문장제는 충분히 생각하며 한 문제라도 정확히 풀어야겠다는 마음가짐이 필요합니다. 부모님이 대신 풀어 주지 마세요! 답답해 보여도 조금만 기다려 주세요.

혼자서 문제를 해결하면 수학에 자신감이 생기고, 어느 순간 수학적 사고력도 향상되는 효과를 볼 수 있습니다. 이렇게 만들어진 **문제 해결력과 수학적 사고력은 고학년 수학을 잘할 수 있는 디딤돌이 될 거예요!**

1 교과서 대표 유형 집중 훈련!

같은 유형으로 반복 연습해서, 익숙해지도록 도와줘요!

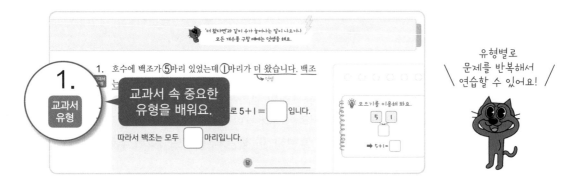

유형별로
문제를 반복해서
연습할 수 있어요!

2 혼자 푸는데도 선생님이 옆에 있는 것 같아요!

친절한 도움말이 담겨 있어요.

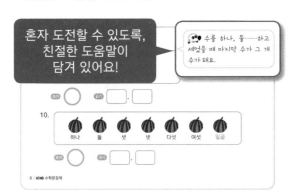

혼자 도전할 수 있도록,
친절한 도움말이
담겨 있어요!

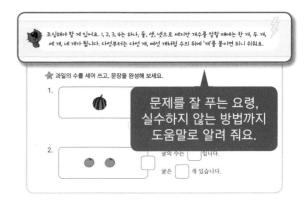

문제를 잘 푸는 요령,
실수하지 않는 방법까지
도움말로 알려 줘요.

3 문제 해결의 실마리를 찾는 훈련!

숫자에는 동그라미, 구하는 것(주로 마지막 문장)에는 밑줄을 치며 푸는 습관을 들여 보세요.
문제를 정확히 읽고 빨리 이해할 수 있습니다. 소리 내어 문제를 읽는 것도 좋아요!

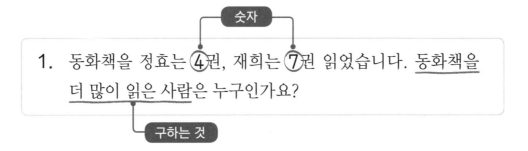

숫자

1. 동화책을 정효는 ④권, 재희는 ⑦권 읽었습니다. 동화책을
   더 많이 읽은 사람은 누구인가요?

구하는 것

나만의 문제 해결 전략 만들기!

스케치북에 낙서하듯, 포스트잇에 필기하듯 나만의 해결 전략을 만들어 쉽게 풀이를 써 봐요.

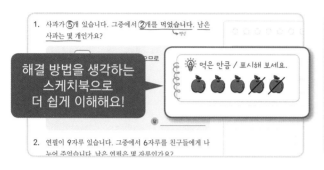

해결 방법을 생각하는
스케치북으로
더 쉽게 이해해요!

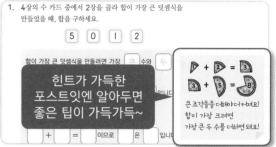

힌트가 가득한
포스트잇엔 알아두면
좋은 팁이 가득가득~

빈칸을 채우면 풀이는 저절로 완성!

빈칸을 따라 쓰고 채우다 보면 긴 풀이 과정도 나 혼자 완성할 수 있어요!

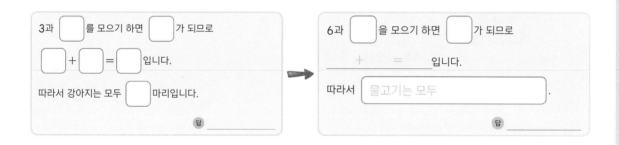

학교 시험 자신감
충전 완료!

시험에 자주 나오는 문제로 마무리!

단원평가도 문제없어요! 각 마당마다 시험에 자주 나오는 주관식 문제를 담았어요.
실제 시험을 치르는 것처럼 풀면 학교 시험까지 준비 끝!

통과 문제를 풀 수 있다면
이번 마당 공부 끝!

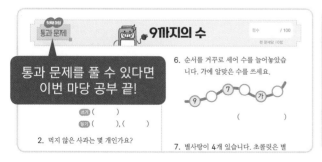

5

나혼자푼다 바빠 수학 문장제 1-1

정답 및 풀이 15쪽에
특별 부록 단원평가도 있어요!

첫째 마당

9까지의 수

학교 시험
자신감 충전!

첫째 마당에서는 9까지의 수를 이용한 문장제를 배워요.
수를 세고, 순서에 알맞게 수를 표현하는 방법 등을 빈칸을 채우면서
자연스럽게 익히게 돼요. '더 많이', '~보다'와 같이 수의 크기를 비교하는
말에는 밑줄을 그어 보세요.

[   ]를 채워 문장을 완성하면, 학교 시험 자신감 충전 완료!

🚩 공부한 날짜

 보기 와 같이 수를 두 가지 방법으로 읽어 보세요.

보기

(1) 하나 , 일

단위를 붙이지 않고 수를 읽는 방법은 두 가지예요.

1. (2) 둘 , [　]   2. (3) [　] , 삼

3. (4) [　] , 사   4. (5) 다섯 , [　]

5. (6) 여섯 , [　]   6. (7) [　] , 칠

7. (8) [　] , 팔   8. (9) 아홉 , [　]

 수를 세어 쓰고, 두 가지 방법으로 읽어 보세요.

9.

하나　　둘　　셋

수를 하나, 둘……하고 세었을 때 마지막 수가 그 개수가 돼요.

쓰기 (　)   읽기 [　] , [　]

10.

하나　둘　셋　넷　다섯　여섯　일곱

쓰기 (　)   읽기 [　] , [　]

⭐ 과일의 수를 세어 쓰고, 문장을 완성해 보세요.

1.

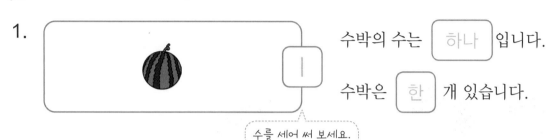

수박의 수는 [하나] 입니다.

수박은 [한] 개 있습니다.

> 수를 세어 써 보세요.

2.

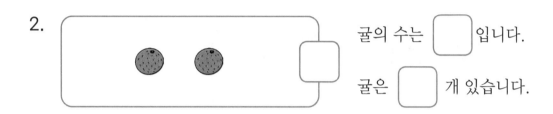

귤의 수는 [ ] 입니다.

귤은 [ ] 개 있습니다.

3.

배의 수는 [ ] 입니다.

배는 [ ] 개 있습니다.

4.

사과의 수는 [ ] 입니다.

사과는 [ ] 개 있습니다.

> 문장을 완성해 보세요.

5.

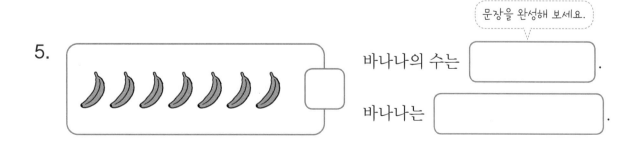

바나나의 수는 [   ].

바나나는 [   ].

⭐ 그림을 보고 ☐ 안에 알맞은 수를 써넣으세요.

1. 풍선은 하나, 둘, 셋, 넷, 다섯이므로 [5] 입니다.

   풍선은 [5] 개 있습니다.

2. 피자는 하나, 둘, 셋, 넷, 다섯, 여섯이므로 [ ] 입니다.

   피자는 [ ] 조각 있습니다.

   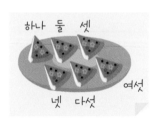

3. 케이크는 [ ] 개 있습니다.

4. 아이들은 [ ] 명 있습니다.

5. 초는 [ ] 개 있습니다.

6. 음료수는 [ ] 병, 컵은 [ ] 개 있습니다.

⭐ 그림을 보고 물음에 답하세요.

1.

(1) 안경을 쓴 어린이는 몇 명인가요?

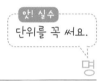

앗! 실수
단위를 꼭 써요.

_____ 명

(2) 안경을 쓰지 않은 어린이는 몇 명인가요?

_____

2.

(1) 먹은 사과는 몇 개인가요?

_____ 개

(2) 먹지 않은 사과는 몇 개인가요?

_____

3. 터진 풍선은 몇 개인가요?

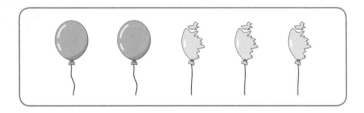

_____

02 순서 알아보기

⭐ 수를 쓰고, 순서를 나타내는 말을 써넣으세요.

1.

순서를 나타낼 때에는 '째'를 붙여요.
왼쪽부터 순서를 세는 문제예요.

도착점

2.

오른쪽부터 순서를 세는 문제예요.

⭐ 동물들이 다음과 같이 줄을 서 있습니다. ☐ 안에 알맞은 말을 써넣으세요.

코끼리	돼지	호랑이	기린	곰	다람쥐	토끼	사자	하마
1	2	3	4	5	6	7	8	9
첫째	둘째	셋째	넷째	다섯째	여섯째	일곱째	여덟째	아홉째

왼쪽 ◀   ▶ 오른쪽

1. 오른쪽에서 첫째에 있는 동물은 [   ]입니다.

2. 왼쪽에서 셋째에 있는 동물은 [   ]. 〔문장을 완성해 보세요.〕

수   1 2 3 4 ……
하나 둘 셋 넷
순서 첫째 둘째 셋째 넷째 ……
첫째만 빼고 수의 뒤에 '째'를 붙여서 읽어요.

3. 기린은 왼쪽에서 [   ]째에 있습니다.

4. 돼지는 왼쪽에서 [   ]째, 오른쪽에서 여덟째에 있습니다.

5. 다람쥐는 왼쪽에서 [   ]째, 오른쪽에서 [   ].

6. 왼쪽에서 여덟째, 오른쪽에서 둘째에 있는 동물은 [   ]입니다.

⭐ 색깔별로 상자가 다음과 같이 쌓여 있습니다. ☐ 안에 알맞은 말을 써넣으세요.

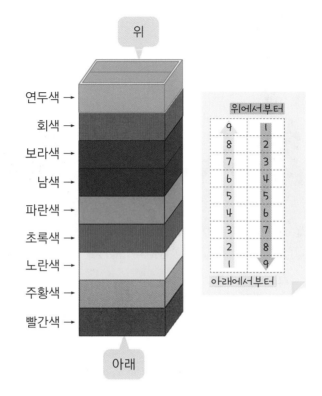

1. 보라색 상자는 아래에서 ☐일곱☐ 째입니다.

2. 남색 상자는 아래에서 ☐ 째입니다.

3. 초록색 상자는 위에서 ☐ .

4. 아래에서 둘째에 있는 상자는 ☐ 색입니다.

5. 위에서 첫째에 있는 상자는 ☐ 색입니다.

6. 위에서 일곱째에 있는 상자는 ☐ 색입니다.

문제에서 숫자는 ◯,
조건 또는 구하는 것은 ____로
표시해 보세요.

1. 정류장에서 정민이는 앞에서 둘째, 뒤에서 다섯째로 줄을 서 있습니다. 정류장에서 줄을 서 있는 사람은 모두 몇 명인가요?

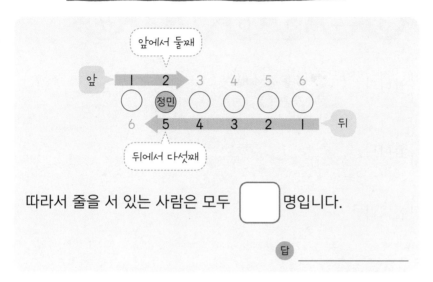

따라서 줄을 서 있는 사람은 모두 ☐ 명입니다.

답 _____

2. 급식실에서 지성이는 앞에서 셋째, 뒤에서 여섯째로 줄을 서 있습니다. 급식실에서 줄을 서 있는 학생은 모두 몇 명인가요?

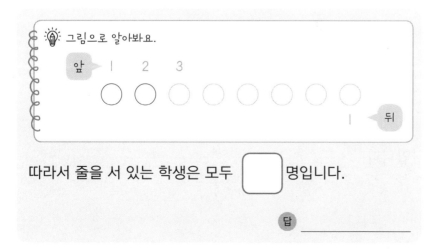

따라서 줄을 서 있는 학생은 모두 ☐ 명입니다.

답 _____

03 수의 순서 알아보기

⭐ 수를 순서대로 늘어놓았습니다. ☐ 안에 알맞은 수를 써넣으세요.

1. 2 다음의 수는 ☐3☐ 입니다.

🐶 '**수를 순서대로**'는
'작은 수부터 큰 수의 순서로'를
의미해요.

2. 5 다음의 수는 ☐ 입니다.

3. 8 다음의 수는 ☐ 입니다.

4. 7 바로 앞의 수는 ☐ 입니다.

⭐ 수의 순서를 거꾸로 세어 수를 늘어놓았습니다. ☐ 안에 알맞은 수를 써넣으세요.

5. 9 다음의 수는 ☐8☐ 입니다.

🐶 '**수의 순서를 거꾸로**'는
'큰 수부터 작은 수의 순서로'를
의미해요.

6. 7 다음의 수는 ☐ 입니다.

7. 3 다음의 수는 ☐ 입니다.

8. 1 바로 앞의 수는 ☐ 입니다.

⭐ 수를 순서대로 늘어놓았습니다. ☐ 안에 알맞은 수를 써넣으세요.

1. 가에 알맞은 수는 ☐ 3 ☐ 입니다.

2. 나에 알맞은 수는 ☐ 입니다.

3. 다에 알맞은 수는 ☐ 입니다.

4. 라에 알맞은 수는 ☐ 입니다.

⭐ 수의 순서를 거꾸로 세어 수를 늘어놓았습니다. ☐ 안에 알맞은 수를 써넣으세요.

5. 마에 알맞은 수는 ☐ 입니다.

6. 바에 알맞은 수는 ☐ 입니다.

7. 사에 알맞은 수는 ☐ 입니다.

8. 아에 알맞은 수는 ☐ 입니다.

⭐ I 부터 9까지의 수 카드를 순서대로 늘어놓았습니다. 물음에 답하세요.

| I | 2 | | 4 | ♥ | | | ♣ | 9 |

1. 순서에 알맞게 ☐ 안에 알맞은 수를 써넣으세요.

| I | | | | | | | | |

2. ♥에 알맞은 수를 쓰세요.

4 다음에 오는 수

_____

3. ♣에 알맞은 수를 쓰세요.

9 바로 앞의 수

_____

⭐ I 부터 9까지의 수 카드를 순서를 거꾸로 세어 늘어놓았습니다. 물음에 답하세요.

| 9 | | ♠ | | 5 | 4 | | ★ | I |

4. 순서를 거꾸로 세어 ☐ 안에 알맞은 수를 써넣으세요.

| 9 | | | | | | | | |

5. ♠에 알맞은 수를 쓰세요.

_____

6. ★에 알맞은 수를 쓰세요.

_____

⭐ 사물함의 번호는 위에서부터 순서대로 써 있습니다. 물음에 답하세요.

1. 다영이의 사물함 번호를 쓰세요.

   _____

2. 지혁이의 사물함 번호를 쓰세요.

   _____

⭐ 사물함의 번호는 아래에서부터 거꾸로 세어 써 있습니다. 물음에 답하세요.

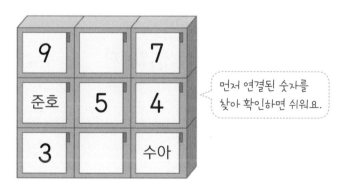

먼저 연결된 숫자를 찾아 확인하면 쉬워요.

3. 준호의 사물함 번호를 쓰세요.

   _____

4. 수아의 사물함 번호를 쓰세요.

   _____

⭐ 수를 보고 ☐ 안에 알맞은 수를 써넣으세요.

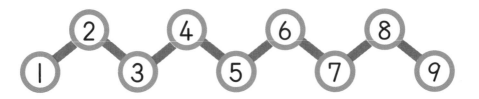

1. 1보다 1만큼 더 큰 수는 ☐2☐ 입니다.

> ●보다 1만큼 더 큰 수
> : ● 바로 뒤에 있는 수

2. 5보다 1만큼 더 큰 수는 ☐ 입니다.

3. 4보다 1만큼 더 작은 수는 ☐ 입니다.

> ●보다 1만큼 더 작은 수
> : ● 바로 앞에 있는 수

4. 8보다 1만큼 더 작은 수는 ☐ 입니다.

5. 3보다 1만큼 더 큰 수는 ☐ 이고, 3보다 1만큼 더 작은 수는 ☐ 입니다.

6. 7보다 1만큼 더 큰 수는 ☐ 이고, 7보다 1만큼 더 작은 수는 ☐ 입니다.

⭐ 그림을 보고 ☐ 안에 알맞은 수를 써넣으세요.

1.

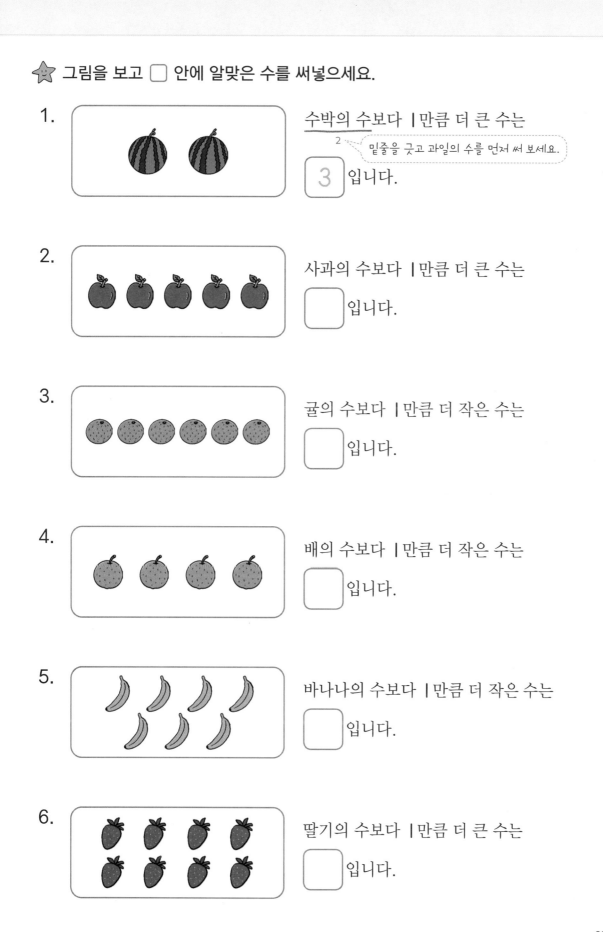

수박의 수보다 I 만큼 더 큰 수는

~~2~~ 〔 밑줄을 긋고 과일의 수를 먼저 써 보세요. 〕

☐3☐ 입니다.

2.

사과의 수보다 I 만큼 더 큰 수는

☐ 입니다.

3.

귤의 수보다 I 만큼 더 작은 수는

☐ 입니다.

4.

배의 수보다 I 만큼 더 작은 수는

☐ 입니다.

5.

바나나의 수보다 I 만큼 더 작은 수는

☐ 입니다.

6.

딸기의 수보다 I 만큼 더 큰 수는

☐ 입니다.

⭐ 문장을 읽고 ☐ 안에 알맞은 수를 써넣으세요.

1.

사과가 **3**개 있습니다.
토마토는 사과보다 <u>한 개 더 많습니다.</u>
↳ 1만큼 더 큰 수

토마토는 ☐개입니다.

> 1만큼 더 큰 수
> **3** **4**

2.

여학생이 **5**명 있습니다.
남학생은 여학생보다 한 명 더 많습니다.

남학생은 ☐명입니다.

> 1만큼 더 큰 수
> **5** ☐

3.

별사탕이 **4**개 있습니다.
초콜릿은 별사탕보다 <u>한 개 더 적습니다.</u>
↳ 1만큼 더 작은 수

초콜릿은 ☐개입니다.

> 1만큼 더 작은 수
> ☐ **4**

4.

위인전이 **8**권 있습니다.
동화책은 위인전보다 한 권 더 적습니다.

동화책은 ☐권입니다.

> 1만큼 더 작은 수
> ☐ **8**

5.

토끼가 **6**마리 있습니다.
날다람쥐는 토끼보다 한 마리 더 적습니다.

날다람쥐는 ☐마리입니다.

> 1만큼 더 작은 수
> ☐ **6**
> 날다람쥐 토끼

1. 다예가 줄넘기를 어제 ⑧번 넘었고, 오늘은 어제보다 ①개 더 많이 넘었습니다. 다예가 <u>오늘 넘은 줄넘기 횟수</u>는 몇 번인가요?

교과서 유형

8보다 1만큼 더 큰 수는 ☐ 입니다.

따라서 다예가 오늘 넘은 줄넘기 횟수는 ☐ 번입니다.

답 ＿＿＿＿＿ 번

2. 경호는 종이학을 7개 접었고, 민희는 경호보다 하나 더 적게 접었습니다. 민희가 접은 종이학은 몇 개인가요?

7보다 ☐ 만큼 더 작은 수는 ☐ 입니다.

따라서 민희가 접은 종이학은 ☐ 입니다.

답 ＿＿＿＿＿

3. 시윤이는 사탕을 6개 먹었고, 성하는 시윤이보다 하나 더 많이 먹었습니다. 성하가 먹은 사탕은 몇 개인가요?

교과서 유형

6보다 [1만큼 더 큰 수는].

따라서 성하가 먹은 사탕은 [입니다].

답 ＿＿＿＿＿

05 수의 크기 비교하기

⭐ ☐ 안에 알맞은 수나 말을 써넣으세요.

1.

하나씩 짝 지으면
다람쥐가 남아요.

다람쥐는 원숭이보다 [많습니다] .

4는 3보다 [ ] 니다.

> 물건의 양을 비교할 때에는 '많다', '적다'로 말하지만
> 수의 크기를 비교할 때에는 '크다', '작다'로 말해요.

2.

하나씩 짝 지으면
자전거가 남아요.

자동차는 자전거보다 [적습니다] .

2는 5보다 [ ] 니다.

3.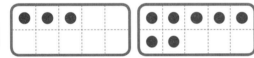

(1) 3은 [7] 보다 작습니다.

(2) 7은 [3] 보다 [   ] .

4.

(1) 6은 [ ] 보다 큽니다.

(2) [ ] 는 [ ] 보다 [   ] .

5.
(8) (5)

(1) [ ] 은 5보다 큽니다.

(2) [ ] 는 [ ] 보다 작습니다.

6.
(2) (4)

(1) [ ] 는 [ ] 보다 큽니다.

(2) [ ] 는 [ ] 보다 작습니다.

⭐ 수를 보고 물음에 답하세요.

1. 6보다 큰 수는 모두 몇 개인가요?

6보다 큰 수는 ☐ , ☐ , ☐ 로 모두 ☐ 개입
니다.

답 _____

💡 6보다 큰 수에 색칠해 봐요.
⑤ ⑥ ⑦ ⑧ ⑨
6보다 큰 수에 6은
포함되지 않아요.

2. 6보다 작은 수는 모두 몇 개인가요?

6보다 작은 수는 ___1___ , ___ , ___ , ___ , ___ 로

모두 ☐ 개입니다.

답 _____

💡 6보다 작은 수에 색칠해 봐요.
① ② ③ ④ ⑤ ⑥ ⑦
6보다 작은 수에
6은 포함되지 않아요.

3. 4보다 크고 8보다 작은 수는 모두 몇 개인가요?

4부터 8까지의 수를 순서대로 쓰면

___4___ , ___ , ___ , ___ , 8 이고 이 중에서 4보다 크고

8보다 작은 수는 ___ , ___ , ___ 입니다.

따라서 4보다 ☐ 8보다 ☐ 수는 모두

☐ 개입니다.

답 _____

💡 4보다 큰 수에 ○를, 8보다 작
은 수에 △를 해 봐요.
| 3 | 4 | 5 | 6 | 7 | 8 |

1. 다음 수 중에서 <u>가장 큰 수</u>를 쓰세요.

⑤ ③ ⑦

수를 순서대로 쓰면 ❲3❳ , ❲5❳ , ❲7❳ 이고, 이 중 맨

뒤에 있는 수는 ☐ 이므로 가장 큰 수는 ☐ 입니다.

답 _____

가장 큰 수는 수를 순서대로
썼을 때 맨 뒤에 있는 수예요.

2. 다음 수 중에서 <u>가장 작은 수</u>를 쓰세요.

⑥ ⑧ ④

수를 순서대로 쓰면 _____ , _____ , _____ 이고, 이 중 맨 앞

에 있는 수는 ☐ 이므로 가장 ☐ 수는 ☐ 입니다.

답 _____

가장 작은 수는 수를 순서대로
썼을 때 맨 앞에 있는 수예요.

3. 다음 수 중에서 가장 큰 수와 가장 작은 수를 차례로 쓰세요.

④ ② ⑤ ⑧

수를 순서대로 쓰면 _____ , _____ , _____ , _____ 이고,

이 중 맨 ❲앞❳ 에 있는 수는 ☐ , 맨 ❲뒤❳ 에 있는 수는

☐ 이므로 ❲가장 큰 수는❳ 이고,

❲가장 작은 수는❳ 입니다.

답 _____ , _____

구하는 걸 직접 써서
풀이를 완성하는 연습을
해 봐요.

물건이나 사람 이름을 물어 보는데, 답을 수로 적어서 틀리는 친구들이 종종 있어요. 무엇을 물어보는지 헷갈리지 않으려면 구해야 하는 것에 밑줄을 긋는 게 좋아요.

1. 동화책을 정효는 ④권, 재희는 ⑦권 읽었습니다. <u>동화책을 더 많이 읽은 사람</u>은 누구인가요?

두 수의 크기를 비교하면 ⎡7⎤ 은 ⎡ ⎤ 보다 큽니다.

따라서 동화책을 더 많이 읽은 사람은 ⎡ ⎤ 입니다.

답 _____

문제에서 숫자는 ○, 조건 또는 구하는 것은 ___로 표시해 보세요.

💡 수만큼 ○를 그리고, 짝을 지어 확인해 봐요.

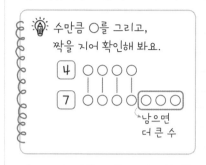

2. 책상 위에 공책이 ②권, 연필이 ③자루 있습니다. <u>공책과 연필 중 더 적은 것</u>은 무엇인가요?

두 수의 크기를 비교하면 2는 ⎡ ⎤ 보다 ⎡ ⎤ .

따라서 공책과 연필 중 더 ⎡ ⎤ 것은 ⎡ ⎤ 입니다.

답 _____

💡 수만큼 ○를 그리고, 짝을 지어 확인해 봐요.

2 ○○

3

3. 냉장고에 사과가 6개, 배가 5개 있습니다. <u>사과와 배 중 더 많은 과일</u>은 무엇인가요?

두 수의 크기를 비교하면 6은 ⎡ ⎤ 보다 ⎡ ⎤ .

따라서 더 ⎡ ⎤ 과일은 ⎡ ⎤ 입니다.

답 _____

💡 수만큼 ○를 그리고, 짝을 지어 확인해 봐요.

6

5

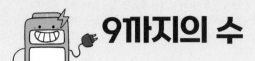 **9까지의 수**

1. 수를 세어 쓰고, 두 가지 방법으로 읽어 보세요.

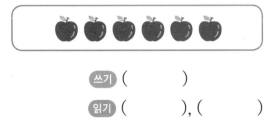

쓰기 (   )

읽기 (   ), (   )

2. 먹지 않은 사과는 몇 개인가요?

(   )

3. 왼쪽에서 넷째에 서 있는 동물은 무엇인가요?

돼지 기린 곰 토끼 다람쥐 하마

(   )

4. 수지는 앞에서 둘째, 뒤에서 여섯째로 달리고 있습니다. 달리기를 하고 있는 어린이는 모두 몇 명인가요?

(   )

5. ♥에 알맞은 수를 쓰세요.

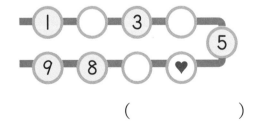

(   )

6. 순서를 거꾸로 세어 수를 늘어놓았습니다. 가에 알맞은 수를 쓰세요.

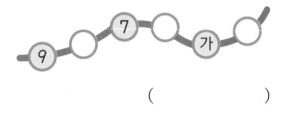

(   )

7. 별사탕이 **4**개 있습니다. 초콜릿은 별사탕보다 하나 더 많습니다. 초콜릿은 몇 개인가요?

(   )

8. 시윤이는 연필을 **8**자루 가지고 있고, 성훈이는 시윤이보다 하나 더 적게 가지고 있습니다. 성훈이가 가지고 있는 연필은 몇 자루인가요?

(   )

9. **3**보다 크고 **7**보다 작은 수는 모두 몇 개인가요?

(   )

10. 사탕을 수정이는 **3**개, 명호는 **5**개 가지고 있습니다. 사탕을 더 많이 가지고 있는 친구는 누구인가요?

(   )

둘째 마당

여러 가지 모양

둘째 마당에서는 ⬜, ⬛, ⚫ 모양의 특징과 여러 가지 모양을 만드는
방법을 배웁니다.
각 모양의 특징을 구분할 수 있을 때까지 따라 써 보세요.
'평평한', '뾰족한'처럼 모양을 설명하는 표현을 잘 익혀두세요.
주변에서 여러 가지 모양을 찾아보고 특징에 따라 구분해 보는 것도 좋은
공부 방법입니다.
☐를 채워 문장을 완성하면, 학교 시험 자신감 충전 완료!

⭐ 어떤 모양에 대한 설명인지 알맞은 모양을 찾아 선으로 이어 보세요.

1.

| 평평한 부분과 뾰족한 부분이 있습니다. |

| 평평한 부분과 둥근 부분이 있습니다. |

| 모든 부분이 둥급니다. |

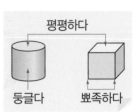

평평하다

둥글다   뾰족하다

2.

| 눕히면 잘 굴러갑니다. |

| 여러 방향으로 잘 굴러갑니다. |

| 둥근 부분이 없어 잘 굴러가지 않습니다. |

둥근 부분이 있어야 잘 굴러가요~

3.

| 잘 굴러가지만 쌓기 어렵습니다. |

| 모든 면이 평평하기 때문에 쉽게 쌓을 수 있습니다. |

| 세우면 쌓을 수 있습니다. |

평평한 부분이 있어야 쉽게 쌓을 수 있어요!

⭐ 알맞은 모양에 ○표 하세요.

1. (⬚, ⬛, ●) 모양은 평평한 부분 없이 둥근 부분만 있습니다.

2. (⬚, ⬛, ●) 모양은 둥근 부분과 평평한 부분이 있습니다.

3. (⬚, ⬛, ●) 모양은 평평한 부분과 뾰족한 부분이 있습니다.

4. (⬚, ⬛, ●) 모양은 모든 면이 평평하기 때문에 쉽게 쌓을 수 있습니다.

5. (⬚, ⬛, ●) 모양은 잘 굴러가고 쌓을 수도 있습니다.

6. (⬚, ⬛, ●) 모양은 둥근 부분이 없어서 잘 굴러가지 않습니다.

7. (⬚, ⬛, ●) 모양은 눕히면 잘 굴러갑니다.

8. (⬚, ⬛, ●) 모양은 여러 방향으로 잘 굴러갑니다.

⭐ 따라 써 보세요.

특징을 따라 쓰면 기억하기 쉬워요.

9. ⬚ 모양은 쉽게 쌓을 수 있으나 잘 굴러가지 않습니다.

   ⬚ 모양은 ___쉽게 쌓을 수 있으나 잘 굴러가지 않습니다.___

10. ⬛ 모양은 눕히면 잘 굴러가고 세우면 쌓을 수 있습니다.

    ⬛ 모양은 _____

11. ● 모양은 여러 방향으로 잘 굴러가지만 쌓기 어렵습니다.

    ● 모양은 _____

1. 쌓을 수 있는 것을 모두 찾아 기호를 쓰세요.

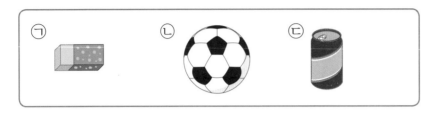

　　쌓을 수　 있는 것은 ___㉠___ , _____입니다.

2. 잘 굴러가는 것을 모두 찾아 기호를 쓰세요.

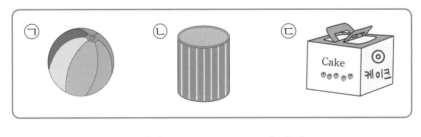

　　잘 굴러가는　 것은 _____ , _____입니다.

3. 쌓을 수도 있고 굴릴 수도 있는 것을 찾아 기호를 쓰세요.

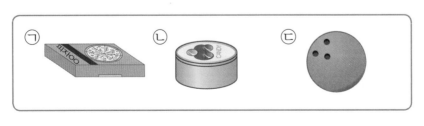

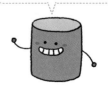

나처럼 평평한 부분과 둥근 부분이 모두 있어야 쌓을 수도 있고, 굴릴 수도 있어요.

　　쌓을　 수도 있고 _____ 수도 있는 것은 _____입니다.

⭐ 정민이의 책상 위에 있는 물건들입니다. 물음에 답하세요.

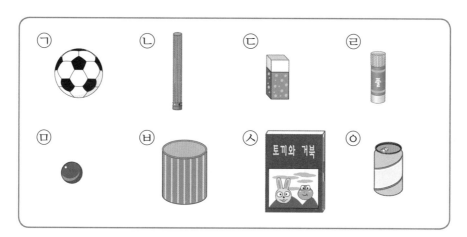

1. 오른쪽 사탕 통과 같은 모양의 물건은 모두 몇 개인가요?

사탕 통은 (⬜ , 🛢 , 🔵) 모양입니다.

사탕 통과 같은 모양의 물건은 (㉠, ㉡, ㉢, ㉣, ㉤, ㉥, ㉦, ㉧)입니다.

따라서 사탕 통과 같은 모양의 물건은 모두 ☐ 개입니다.

답 _____

2. 쉽게 쌓을 수 있으나 잘 굴러가지 않는 물건을 모두 찾아 기호를 쓰세요.

_____

3. 여러 방향으로 잘 굴러가는 물건을 모두 찾아 기호를 쓰세요.

_____

07 여러 가지 모양 만들기

☆ 다음 모양을 만드는 데 사용한 모양과 모양의 특징을 찾아 ○를 하세요.

1.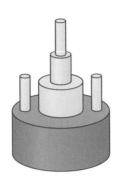

(1) 모양 찾기

 모양

(2) 특징 찾기

① 이 모양은 평평한 부분이 (있습니다 , 없습니다).

② 이 모양은 둥근 부분이 (있습니다 , 없습니다).

2.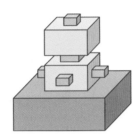

(1) 모양 찾기

 모양

(2) 특징 찾기

① 이 모양은 평평한 부분이 (있습니다 , 없습니다).

② 이 모양은 둥근 부분이 (있습니다 , 없습니다).

☆ 다음 모양을 만드는 데 사용한 모양과 모양의 공통된 특징을 모두 찾아 ○를 하세요.

3.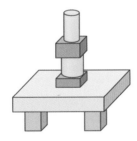

(1) 모양 찾기

 모양

(2) 공통된 특징 찾기

① 두 모양은 평평한 부분이 (있습니다 , 없습니다).

② 두 모양은 쌓을 수 (있습니다 , 없습니다).

4.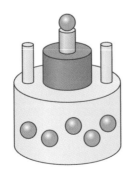

(1) 모양 찾기

 모양

🛢 모양은 둥근 부분이 있어 잘 굴러가요.
⚪ 모양은 전체가 둥글어 잘 굴러가요.

(2) 공통된 특징 찾기

① 두 모양은 둥근 부분이 (있습니다 , 없습니다).

② 두 모양은 잘 (굴러갑니다 , 굴러가지 않습니다).

⭐ 다음 모양을 만드는 데 사용한 모양의 수를 알아보려고 합니다. ☐ 안에 알맞은 수를 써넣으세요.

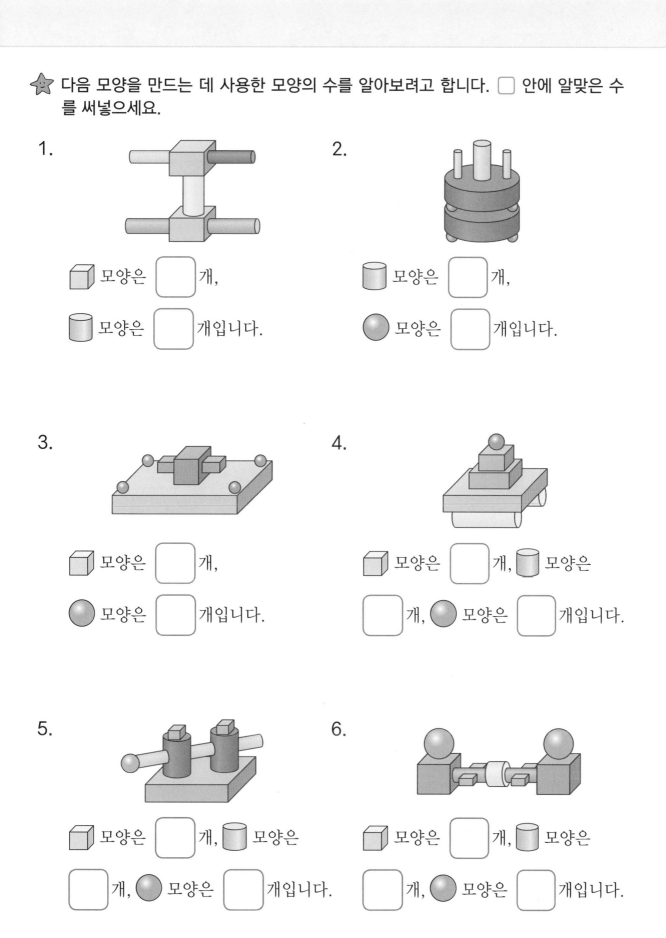

1.

🟦 모양은 ☐ 개,

🟫 모양은 ☐ 개입니다.

2.

🟫 모양은 ☐ 개,

🔵 모양은 ☐ 개입니다.

3.

🟦 모양은 ☐ 개,

🔵 모양은 ☐ 개입니다.

4.

🟦 모양은 ☐ 개, 🟫 모양은

☐ 개, 🔵 모양은 ☐ 개입니다.

5.

🟦 모양은 ☐ 개, 🟫 모양은

☐ 개, 🔵 모양은 ☐ 개입니다.

6.

🟦 모양은 ☐ 개, 🟫 모양은

☐ 개, 🔵 모양은 ☐ 개입니다.

★ 다음 모양을 만드는 데 ⬛, ⬛, ⚫ 모양을 각각 몇 개 사용했는지 ☐ 안에 알맞은 수를 써넣으세요.

1.

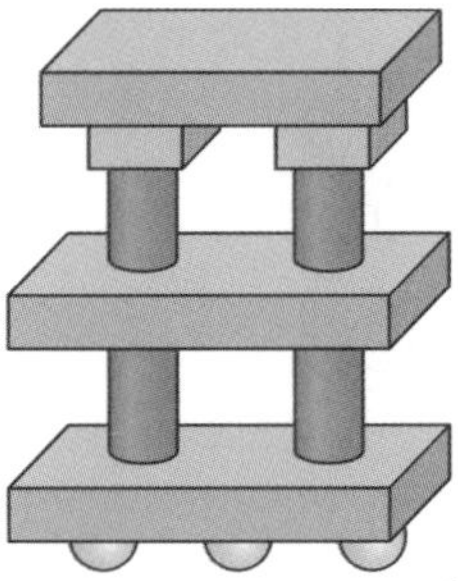

⬛ 모양은 ☐ 개, ⬛ 모양은 ☐ 개,

⚫ 모양은 ☐ 개 사용했습니다.

연필로 표시하며 개수를 세면
실수하지 않아요.

2.

⬛ 모양은 ☐ 개, ⬛ 모양은 ☐ 개,

⚫ 모양은 ☐ 개 사용했습니다.

3.

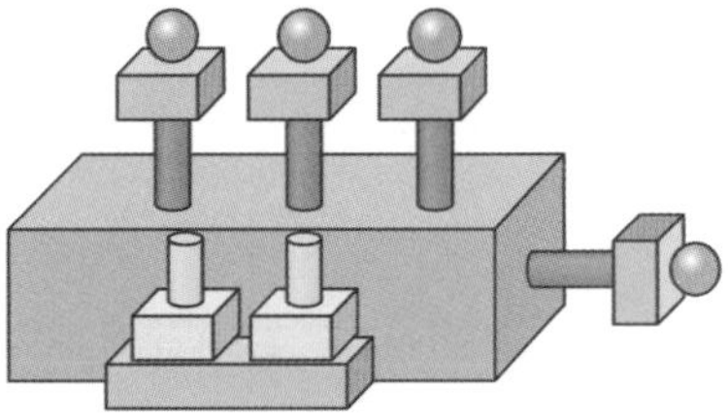

⬛ 모양은 ☐ 개, ⬛ 모양은 ☐ 개,

⚫ 모양은 ☐ 개 사용했습니다.

4.

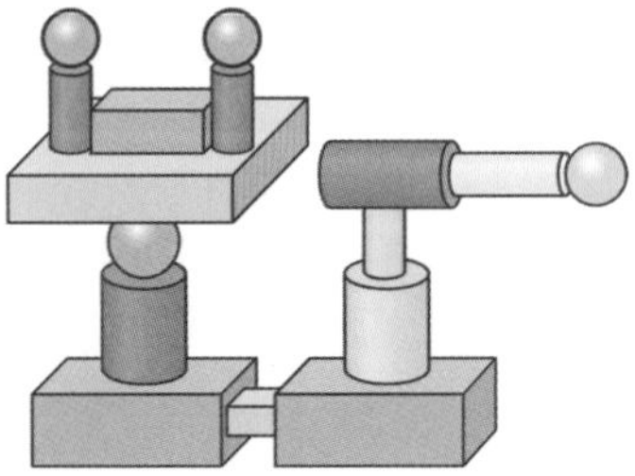

⬛ 모양은 ☐ 개, ⬛ 모양은 ☐ 개,

⚫ 모양은 ☐ 개 사용했습니다.

문제에서 구하는 것에
____로 표시해 보세요.

1. 오른쪽 모양을 만드는 데
   <u>가장 많이 사용한 모양은</u>
   어떤 모양인가요?

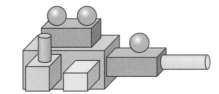

   ⬜ 모양은 [ ] 개, ⬛ 모양은 [ ] 개,

   ⚫ 모양은 [ ] 개 사용했습니다.

   따라서 가장 [많이] 사용한 모양은 (⬜ , ⬛ , ⚫)
   모양입니다.

   답 (⬜ , ⬛ , ⚫)
   _____

2. 오른쪽 모양을 만드는 데 <u>가장</u>
   <u>적게 사용한 모양은</u> 어떤 모양
   인가요?

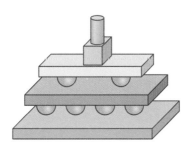

   ⬜ 모양은 [ ] 개, ⬛ 모양은 [ ] 개,

   ⚫ 모양은 [ ] 개 사용했습니다.

   따라서 [가장 적게 사용한]

   (⬜ , ⬛ , ⚫)모양입니다.

   답 (⬜ , ⬛ , ⚫)
   _____

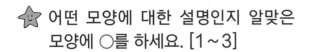

여러 가지 모양

점수   / 100

한 문제당 10점

⭐ 어떤 모양에 대한 설명인지 알맞은 모양에 ○를 하세요. [1~3]

1.
> 평평한 부분과 둥근 부분이 있습니다.

2.
> 모든 부분이 평평하여 잘 굴러가지 않습니다.

3.
> 잘 굴러가지만 쌓기 어렵습니다.

4. 잘 쌓을 수 있는 모양에 모두 ○를 하세요.

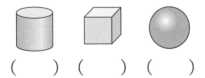

(   ) (   ) (   )

5. 여러 방향으로 잘 굴러가는 물건을 찾아 기호를 쓰세요.

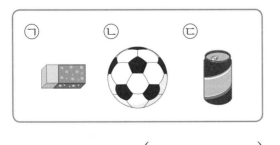

(   )

6. 다음 모양을 만드는 데 더 많이 사용한 모양에 ○를 하세요.

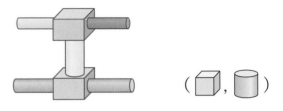

(,   )

⭐ 모양을 보고 물음에 답하세요. [7~8]

7. ▢ 모양은 몇 개 사용했나요?

(   )

8. ● 모양은 몇 개 사용했나요?

(   )

⭐ 알맞은 모양에 ○를 하세요. [9~10]

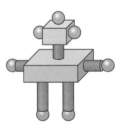

9. 가장 많이 사용한 모양은

 모양입니다.

10. 가장 적게 사용한 모양은

 모양입니다.

셋째 마당

덧셈과 뺄셈

학교 시험
자신감 충전!

셋째 마당에서는 **덧셈**과 **뺄셈**의 문장제를 배웁니다.
문장제 유형 중 시험에 자주 나오는 중요한 단원입니다.
스스로 생각하며 풀어 보세요.

를 채워 문장을 완성하면, 학교 시험 자신감 충전 완료!

🚩 공부한 날짜

⭐ 모으기와 가르기를 하고, ☐ 안에 알맞은 수를 써넣으세요.

1.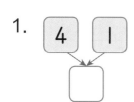

   4와 1을 모으기 하면 ☐가 됩니다.

   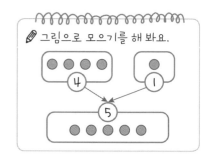

   ✏ 그림으로 모으기를 해 봐요.

2. 2 4

   2와 4를 모으기 하면 ☐이 됩니다.

3. ☐ 3
   8

   ☐와 3을 모으기 하면 8이 됩니다.

4. 7
   3 ☐

   7은 3과 ☐로 가르기 할 수 있습니다.

   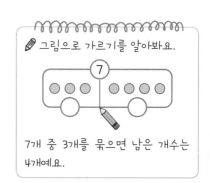

   ✏ 그림으로 가르기를 알아봐요.

   7

   7개 중 3개를 묶으면 남은 개수는 4개예요.

5. 5
   ☐ 2

   5는 ☐과 2로 가르기 할 수 있습니다.

6. ☐
   5 4

   ☐는 5와 4로 가르기 할 수 있습니다.

⭐ ☐ 안에 알맞은 수를 써넣으세요.

1. (1) 2와 3을 모으기 하면 ☐ 가 됩니다.

   (2) 1과 4를 모으기 하면 ☐ 가 됩니다.

2. (1) 3과 4를 모으기 하면 ☐ 이 됩니다.

   (2) 5와 2를 모으기 하면 ☐ 이 됩니다.

   (3) 6과 1을 [   ] . ◁ 문장을 완성해 보세요.

3. (1) 9는 1과 ☐ 로 가르기 할 수 있습니다. ◁ 수가 줄어들고 늘어나는 걸 잘 관찰해 봐요.

   (2) 9는 2와 ☐ 로 가르기 할 수 있습니다.

   (3) 9는 3과 ☐ 으로 가르기 할 수 있습니다.

   (4) 9는 4와 ☐ 로 가르기 할 수 있습니다.

   (5) 9는 5와 ☐ 로 가르기 할 수 있습니다.

   (6) 9는 6과 ☐ 으로 가르기 할 수 있습니다.

   (7) 9는 7과 [   ] . ◁ 문장을 완성해 보세요.

   (8) 9는 8과 [   ] .

⭐ 어떤 수를 구해 보세요.

1. 1과 8을 모으기 하면 어떤 수가 됩니다. 어떤 수는 얼마인가요?

_____

2. 4와 어떤 수를 모으기 하면 7이 됩니다. 어떤 수는 얼마인가요?

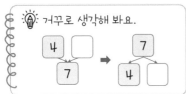

_____

3. 어떤 수와 2를 모으기 하면 6이 됩니다. 어떤 수는 얼마인가요?

_____

4. 8은 어떤 수와 5로 가르기 할 수 있습니다. 어떤 수는 얼마인가요?

_____

5. 9는 3과 어떤 수로 가르기 할 수 있습니다. 어떤 수는 얼마인가요?

_____

6. 어떤 수는 1과 6으로 가르기 할 수 있습니다. 어떤 수는 얼마인가요?

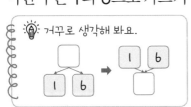

7. 어떤 수와 7을 모으기 하면 9가 됩니다. 어떤 수는 얼마인가요?

_____

⭐ 그림을 보고 ☐ 안에 알맞은 수를 써넣으세요.

1. 토끼 3마리와 거북이 2마리를 모으기 하면 모두 ☐ 마리입니다.

2. 오리 4마리와 참새 5마리를 모으기 하면 모두 ☐ 마리입니다.

3. 토끼 3마리와 오리 4마리를 모으기 하면 ☐ 마리입니다.

4. 토끼 3마리를 우리 2개에 가르기 하여 넣으면 1마리와 ☐ 마리로 나누어 넣을 수 있습니다.

   💡 그림으로 가르기 해 봐요.

5. 오리 4마리를 웅덩이 2곳으로 모두 가르기 하여 넣으면 1마리와 ☐ 마리, 2마리와 ☐ 마리로 나누어 넣을 수 있습니다.

   남은 오리

09 모으기와 가르기(2)

1. 포도맛 사탕 ③개와 사과맛 사탕 ④개를 모으기 하면 사탕은 모두 몇 개인가요?

3과 4를 모으기 하면 ☐ 이 됩니다.

따라서 사탕은 모두 ☐ 개입니다.

답 ＿＿＿＿＿＿＿

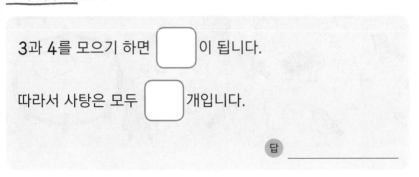

그림으로 모으기를 해 봐요

2. 책상에 놓여 있는 전래 동화책 2권과 위인전 2권을 모았습니다. 모은 책은 모두 몇 권인가요?

2와 ☐ 를 │ 모으기 │ 하면 ☐ 가 됩니다.

따라서 모은 책은 모두 ☐ 권입니다.

답 ＿＿＿＿＿＿＿

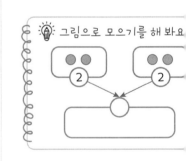

그림으로 모으기를 해 봐요

3. 도토리를 아기 다람쥐가 │개, 엄마 다람쥐가 5개 주웠습니다. 주운 도토리를 한 바구니에 담으면 담은 도토리는 모두 몇 개인가요?

│과 ☐ 됩니다.

따라서 │ 담은 도토리는 모두 ☐ │.

답 ＿＿＿＿＿＿＿

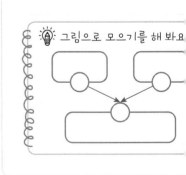

그림으로 모으기를 해 봐요

1. 초콜릿 ⑨개를 양쪽 주머니에 나누어 넣었습니다. 왼쪽 주머니에 ④개가 있다면 오른쪽 주머니에는 몇 개가 있나요?

9는 4와 ☐로 가르기 할 수 있습니다.

따라서 오른쪽 주머니에는 ☐개가 있습니다.

답 _____

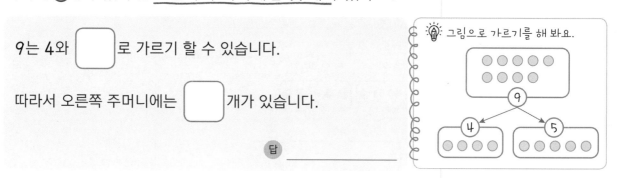

그림으로 가르기를 해 봐요.

2. 과자 6개를 두 접시에 나누어 담으려고 합니다. 왼쪽 접시에 2개를 담았다면 오른쪽 접시에는 몇 개를 담아야 하나요?

6은 2와 ☐로 ☐ 할 수 있습니다.

따라서 ☐ 접시에는 ☐개를 담아야 합니다.

답 _____

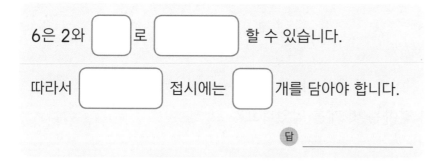
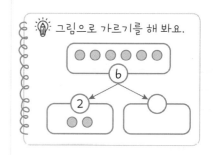

그림으로 가르기를 해 봐요.

3. 딸기 7개를 선아와 지우가 나누어 먹으려고 합니다. 선아가 5개를 먹으면 지우는 몇 개를 먹을 수 있나요?

7은 [5와].

따라서 지우는 ☐개를 먹을 수 있습니다.

답 _____

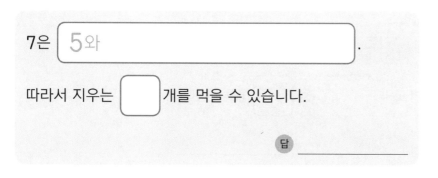
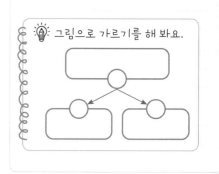

그림으로 가르기를 해 봐요.

1. 구슬이 왼손에 ③개, 오른손에 ⑤개 있습니다. <u>두 손에 있는 구슬은 모두 몇 개인가요?</u>

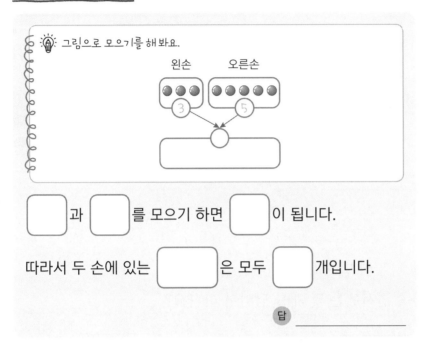

☐ 과 ☐ 를 모으기 하면 ☐ 이 됩니다.

따라서 두 손에 있는 ☐ 은 모두 ☐ 개입니다.

답 _____

2. 별 모양 사탕 7개를 진아와 동생이 나누어 먹었습니다. 동생이 2개를 먹었다면 진아는 몇 개를 먹었나요?

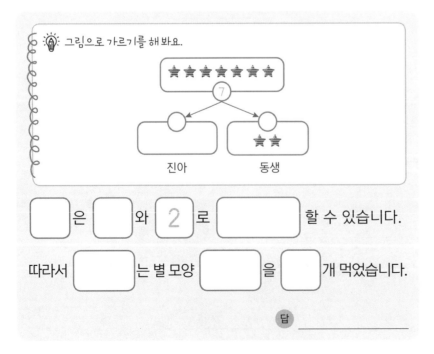

☐ 은 ☐ 와 2 로 ☐ 할 수 있습니다.

따라서 ☐ 는 별 모양 ☐ 을 ☐ 개 먹었습니다.

답 _____

1. 수호와 지유가 가지고 있는 수 카드의 수를 각각 모으기 했을 때, 모으기 한 수가 더 큰 사람은 누구인가요?

수호 ⌈ 1 ⌉ ⌈ 7 ⌉   지유 ⌈ 4 ⌉ ⌈ 3 ⌉

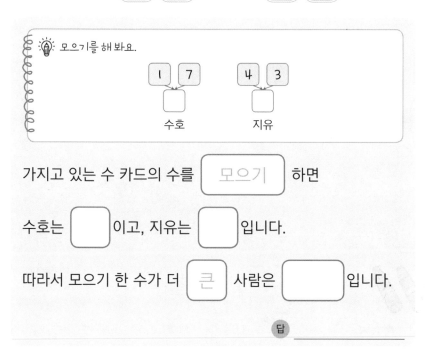

가지고 있는 수 카드의 수를 [모으기] 하면

수호는 [ ]이고, 지유는 [ ]입니다.

따라서 모으기 한 수가 더 [큰] 사람은 [ ]입니다.

답 _____

2. 세 친구가 가지고 있는 수 카드의 수를 각각 모으기 했을 때, 모으기 한 수가 가장 큰 사람은 누구인가요?

하나 ⌈ 6 ⌉ ⌈ 1 ⌉   민준 ⌈ 2 ⌉ ⌈ 7 ⌉   진호 ⌈ 3 ⌉ ⌈ 5 ⌉

가지고 있는 수 카드의 수를 [ ] 하면

하나는 [ ], 민준이는 [ ], 진호는 [ ]입니다.

따라서 모으기 한 수가 [ ] 큰 사람은 [ ]입니다.

답 _____

각자의 수를 모으기 해요.

하나

민준

진호

10 덧셈하기

⭐ 그림을 보고 덧셈식을 쓰고, 읽어 보세요.

1.  　덧셈식 $3 + 1 = 4$

읽기 　3 더하기 1 은 □ 와 같습니다.

3 과 1 의 합은 □ 입니다.

2.  　덧셈식 $2 + □ = □$

읽기 2 더하기 4 는 □ 과 □.

2 와 □ 의 □ 은 □ 입니다.

3. 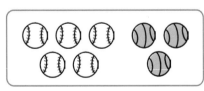 　덧셈식 ___ + ___ = ___

읽기 □ 더하기 ___ 같습니다.

□ 와 ___.

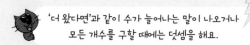

'더 왔다면'과 같이 수가 늘어나는 말이 나오거나
모든 개수를 구할 때에는 덧셈을 해요.

1. 호수에 백조가 ⑤마리 있었는데 ①마리가 더 왔습니다. 백조는 모두 몇 마리인가요?

↳ 덧셈

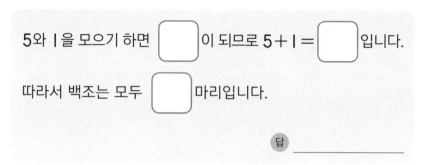

5와 1을 모으기 하면 ☐이 되므로 5+1=☐입니다.

따라서 백조는 모두 ☐마리입니다.

답 _____

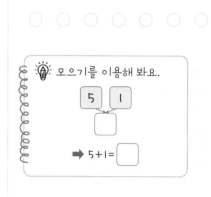

모으기를 이용해 봐요.

| 5 | 1 |

➡ 5+1=☐

2. 공원에 강아지 3마리가 있습니다. 잠시 후 2마리가 더 왔습니다. 강아지는 모두 몇 마리인가요?

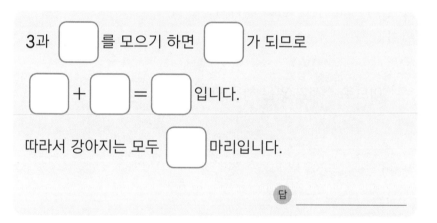

3과 ☐를 모으기 하면 ☐가 되므로

☐+☐=☐입니다.

따라서 강아지는 모두 ☐마리입니다.

답 _____

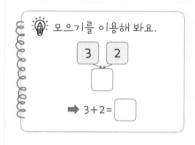

모으기를 이용해 봐요.

| 3 | 2 |

➡ 3+2=☐

3. 어항에 물고기 6마리가 살고 있습니다. 물고기 3마리를 더 어항에 풀어 놓았습니다. 물고기는 모두 몇 마리인가요?

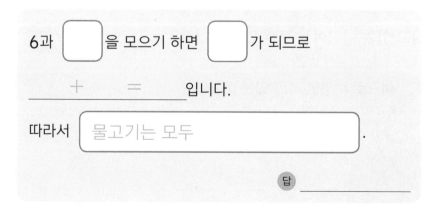

6과 ☐을 모으기 하면 ☐가 되므로

___+___=___입니다.

따라서 [물고기는 모두   ].

답 _____

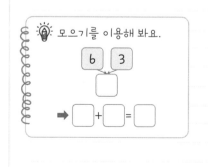

모으기를 이용해 봐요.

| 6 | 3 |

➡ ☐+☐=☐

1. 사탕을 수정이는 ③개, 민준이는 ④개 가지고 있습니다. <u>수</u>
   <u>정이와 민준이가 가지고 있는 사탕은 모두 몇 개</u>인가요?

   3+4=☐ 이므로 수정이와 민준이가 가지고 있는 사탕

   은 모두 ☐ 개입니다.

   답 _____

2. 수지는 동화책을 4권, 만화책을 1권 읽었습니다. 수지가
   읽은 책은 모두 몇 권인가요?

   4 + ☐ = ☐ 이므로 수지가 읽은 책은 모두

   ☐ 권입니다.

   답 _____

3. 수영장에서 남자 어린이 2명과 여자 어린이 7명이 수영을 하
   고 있습니다. 수영을 하고 있는 어린이는 모두 몇 명인가요?

   _____ + _____ = _____ 이므로 수영을 하고 있는 어린이는

   ☐ .

   답 _____

1. 전깃줄에 참새가 2마리 있습니다.
   잠시 후 4마리가 더 날아왔습니다.
   전깃줄에 있는 참새는 모두 몇 마리
   인가요?

   ⬜ + ⬜ = ⬜ 이므로 전깃줄에 있는 참새는 모두

   ⬜ 마리입니다.

   답 _____

2. 준영이는 붙임딱지를 7장 모았습니다. 오늘 선생님께서 1장
   을 더 주셨습니다. 준영이가 모은 붙임딱지는 모두 몇 장인
   가요?

   _____ + _____ = _____ 이므로 준영이가 모은 붙임딱지는

   모두 ⬜ 장입니다.

   답 _____

3. 화단에 장미가 어제는 6송이, 오늘은 2송이 피었습니다.
   어제와 오늘 화단에 핀 장미는 모두 몇 송이인가요?

   답 _____

   앞에서 푼 문제를
   생각해 완성해 봐요!

11. 뺄셈하기

⭐ 그림을 보고 연못에 남아 있는 개구리의 수를 구하는 뺄셈식을 쓰고, 읽어 보세요.

1.

뺄셈식 $6 - 2 = 4$

읽기 6 빼기 2 는 ☐ 와 같습니다.

6과 ☐ 의 차는 ☐ 입니다.

2.

뺄셈식 ☐ − ☐ = ☐

읽기 9 빼기 3은 ☐ 과 같습니다 .

☐ 와 3의 ☐ 는 ☐ 입니다.

3.

뺄셈식 _____ − _____ = _____

읽기 | 빼기 |.

| 과 |.

1. 사과가 ⑤개 있습니다. 그중에서 ②개를 먹었습니다. 남은
   사과는 몇 개인가요? → 뺄셈

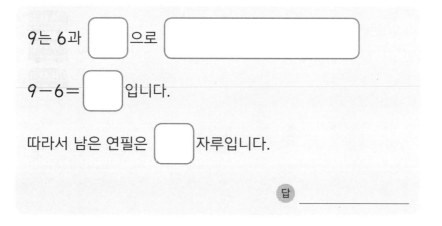

5는 2와 ☐으로 가르기 할 수 있으므로

5－2＝☐입니다.

따라서 남은 사과는 ☐개입니다.

답 ＿＿＿＿＿

먹은 만큼 ╱ 표시해 보세요.

2. 연필이 9자루 있습니다. 그중에서 6자루를 친구들에게 나
   누어 주었습니다. 남은 연필은 몇 자루인가요?

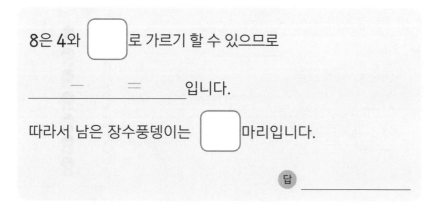

9는 6과 ☐으로 ＿＿＿＿＿＿＿

9－6＝☐입니다.

따라서 남은 연필은 ☐자루입니다.

답 ＿＿＿＿＿

나누어 준 만큼 ╱ 표시해 봐요.

3. 장수풍뎅이가 8마리 있습니다. 그중에서 4마리가 날아갔
   습니다. 남은 장수풍뎅이는 몇 마리인가요?

8은 4와 ☐로 가르기 할 수 있으므로

＿＿＿－＿＿＿＝＿＿＿입니다.

따라서 남은 장수풍뎅이는 ☐마리입니다.

답 ＿＿＿＿＿

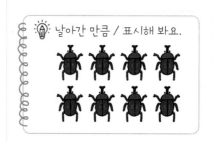

날아간 만큼 ╱ 표시해 봐요.

1. 냉장고에 수박이 ④개, 멜론이 ③개 있습니다. 수박은 멜론
   보다 몇 개 더 많은가요?

   $4-3=$ ⬜ 이므로 수박은 멜론보다 ⬜ 개 더 많습니다.

   답 _____

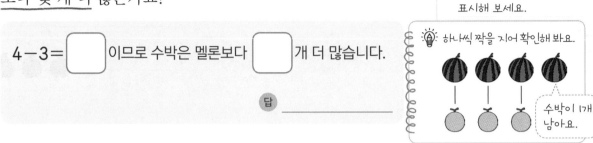

하나씩 짝을 지어 확인해 봐요.

수박이 1개 남아요.

2. 주차장에 버스가 4대, 승용차가 6대 있습니다. 승용차는
   버스보다 몇 대 더 많은가요?

   6 ◯ ⬜ = ⬜ 이므로 승용차는 버스보다 ⬜ 대

   ⬜ .

   답 _____

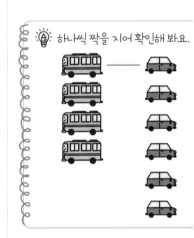

하나씩 짝을 지어 확인해 봐요.

3. 학교 도서관에 남학생이 7명, 여학생이 3명 있습니다. 남
   학생은 여학생보다 몇 명 더 많은가요?

   _____ = _____ 이므로 남학생은 ⬜ 보다

   ⬜ 명 ⬜ .

   답 _____

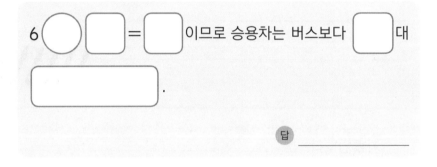

짝을 지어 확인해 봐요.

1. 종이비행기를 ⑤개 접었습니다. 그중에서 ②개를 날렸습니다. 남은 종이비행기는 몇 개인가요?

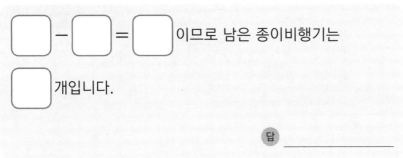

$\boxed{} - \boxed{} = \boxed{}$ 이므로 남은 종이비행기는

$\boxed{}$ 개입니다.

답 _____

그림으로 알아봐요.

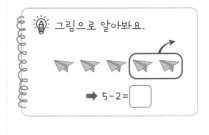

➡ 5-2=$\boxed{}$

2. 초콜릿이 8개 있습니다. 그중에서 3개를 먹었습니다. 남은 초콜릿은 몇 개인가요?

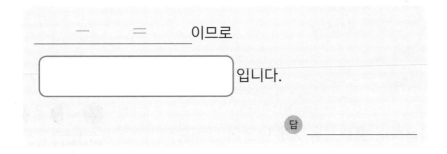

_____ $-$ _____ $=$ _____ 이므로

$\boxed{}$ 입니다.

답 _____

'먹었다'와 같이
수가 줄어드는 말은
'뺄셈'을 이용해요.

3. 주머니 안에 검은 공이 7개, 흰 공이 2개 있습니다. 검은 공은 흰 공보다 몇 개 더 많은가요?

답 _____

앞에서 푼 문제를
생각해 완성해 봐요!

##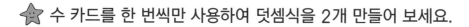
12 덧셈과 뺄셈(1)

⭐ 수 카드를 한 번씩만 사용하여 덧셈식을 2개 만들어 보세요.

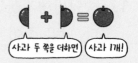
작은 두 수의 합이 가장 큰 수가 돼요.

1.

   2   7   5

(1) 2 + ☐ = ☐
    부분1   부분2   전체
              ⌣
          가장 큰 수

(2) ☐ + ☐ = ☐
    부분2   부분1   전체

2.

   8   6   2

(1) 2 + ☐ = ☐

(2) ☐ + ☐ = ☐

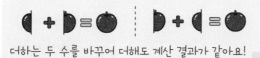
더하는 두 수를 바꾸어 더해도 계산 결과가 같아요!

⭐ 수 카드를 한 번씩만 사용하여 뺄셈식을 2개 만들어 보세요.

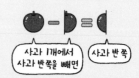
가장 큰 수에서
작은 한 수를 빼면 남은 한 수가 돼요.

3.

   4   2   6

(1) ☐ − 2 = ☐
   전체   부분1   부분2
    ⌣
 가장 큰 수

(2) ☐ − ☐ = ☐
   전체   부분2   부분1

4.

   2   9   7

(1) ☐ − 2 = ☐

(2) ☐ − ☐ = ☐

1. 가장 큰 수와 가장 작은 수의 <u>합</u>을 구하세요. ↗ 주어진 수를 모두 더한 값

(4) (5) (3)

가장 큰 수는 ☐ 이고, 가장 작은 수는 ☐ 입니다.

따라서 가장 큰 수와 가장 작은 수의 합은

☐ + ☐ = ☐ 입니다.
가장 큰 수   가장 작은 수

답 _____

2. 가장 큰 수와 가장 작은 수의 <u>차</u>를 구하세요. ↘ 큰 수에서 작은 수를 뺀 값

(1) (4) (6)

가장 큰 수는 ☐ 이고, 가장 작은 수는 ☐ 입니다.

따라서 가장 큰 수와 가장 작은 수의 차는

☐ − ☐ = ☐ 입니다.

답 _____

3. 가장 큰 수와 가장 작은 수의 <u>차</u>를 구하세요.

(2) (7) (0)

가장 큰 수는 ☐ 이고, _____ 입니다.

따라서 가장 큰 수와 가장 작은 수의 ☐ 는 _____

입니다.

답 _____

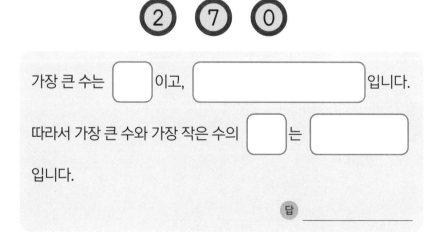

1. 가장 큰 수와 가장 작은 수의 합을 구하세요.

$$\boxed{6} \quad \boxed{8} \quad \boxed{1} \quad \boxed{4}$$

가장 큰 수는 ⬜ 이고, 가장 작은 수는 ⬜ 입니다.

따라서 두 수의 ⬜ 은 ⬜ + ⬜ = ⬜ 입니다.

답 _____

문제에서
조건 또는 구하는 것은 ___로
표시해 보세요.

✏️ 수를 순서대로 써요.
$\boxed{1}$, ⬜ , ⬜ , ⬜

2. 가장 큰 수와 가장 작은 수의 차를 구하세요.

$$\boxed{7} \quad \boxed{4} \quad \boxed{5} \quad \boxed{9}$$

가장 큰 수는 ⬜ 이고, 가장 작은 수는 ⬜ 입니다.

따라서 두 수의 ⬜ 는 ⬜ − ⬜ = ⬜ 입니다.

답 _____

✏️ 수를 순서대로 써요.
$\boxed{4}$, ⬜ , ⬜ , ⬜

3. 가장 큰 수와 가장 작은 수의 합을 구하세요.

$$\boxed{2} \quad \boxed{6} \quad \boxed{5} \quad \boxed{3}$$

가장 큰 수: ⬜ , 가장 ⬜ 수: ⬜

따라서 가장 큰 수와 가장 ⬜ 수의 ⬜ 은

$\boxed{6}$ + ⬜ = ⬜ 입니다.

답 _____

✏️ 수를 순서대로 써요.
$\boxed{2}$, ⬜ , ⬜ , ⬜

1. 4장의 수 카드 중에서 2장을 골라 합이 가장 큰 덧셈식을
   만들었을 때, 합을 구하세요.

   $$\boxed{5} \quad \boxed{0} \quad \boxed{1} \quad \boxed{2}$$

   합이 가장 큰 덧셈식을 만들려면 가장 [큰] 수와 [두] 번

   째로 큰 수를 더합니다.

   가장 큰 수는 [ ]이고, 두 번째로 큰 수는 [ ]입니다.

   따라서 [ ]이 가장 [ ] 덧셈식은

   [ ] + [ ] = [ ]이므로 [ ]은 [ ]입니다.

   답 _____

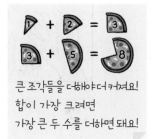

큰 조각들을 더해야 더 커져요!
합이 가장 크려면
가장 큰 두 수를 더하면 돼요!

2. 4장의 수 카드 중에서 2장을 골라 합이 가장 큰 덧셈식을
   만들었을 때, 합을 구하세요.

   $$\boxed{5} \quad \boxed{4} \quad \boxed{3} \quad \boxed{1}$$

   합이 가장 [ ] 덧셈식을 만들려면

   가장 [ ] 수와 [ ] 번째로 [ ] 수를 더합니다.

   따라서 [   ]은

   _____ 이므로 [   ]입니다.

   답 _____

13 덧셈과 뺄셈(2)

⭐ 현주와 승호가 가지고 있는 공깃돌의 수가 같을 때, 그림을 보고 ☐ 안에 알맞은 수를 써넣으세요.

1.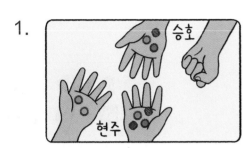

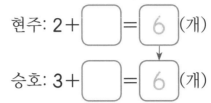

현주: 2 + ☐ = 6 (개)

승호: 3 + ☐ = 6 (개)

➡ 승호의 왼손에는 공깃돌이 ☐ 개 있습니다.

두 사람이 가지고 있는 공깃돌의 개수를 알아봐요.

2.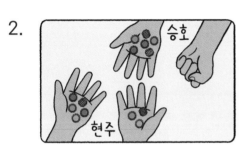

왼손　오른손

현주: ☐ + ☐ = ☐ (개)

승호: 6 + ☐ = ☐ (개)

➡ 승호의 왼손에는 공깃돌이 ☐ 개 있습니다.

3.

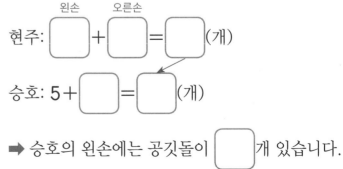

왼손　오른손

현주: ☐ + ☐ = ☐ (개)

승호: 5 + ☐ = ☐ (개)

➡ 승호의 왼손에는 공깃돌이 ☐ 개 있습니다.

1. 구슬을 지호는 왼손에 ②개, 오른손에 ③개 가지고 있고,/경수는 ④개 가지고 있습니다. 지호와 경수가 가지고 있는 구슬의 수가 같으려면 경수는 구슬이 몇 개 더 필요한가요?

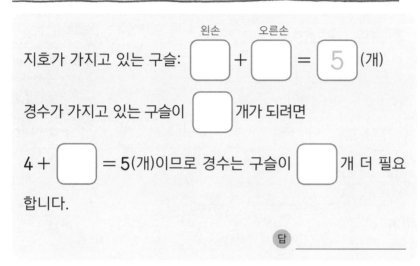

지호가 가지고 있는 구슬:
왼손 오른손
$\boxed{}$ + $\boxed{}$ = $\boxed{5}$ (개)

경수가 가지고 있는 구슬이 $\boxed{}$ 개가 되려면

$4 + \boxed{} = 5$(개)이므로 경수는 구슬이 $\boxed{}$ 개 더 필요합니다.

답 _____

✏ 가지고 있는 구슬의 수만큼 표시해 알아봐요.

지호

경수

몇 개를 더 그려야 할까?

2. 성하는 매일 같은 양의 동화책을 읽습니다. 어제는 동화책을 아침에 7쪽, 저녁에 2쪽 읽었습니다. 오늘은 동화책을 아침에 5쪽 읽었다면 저녁에는 몇 쪽을 더 읽어야 하나요?

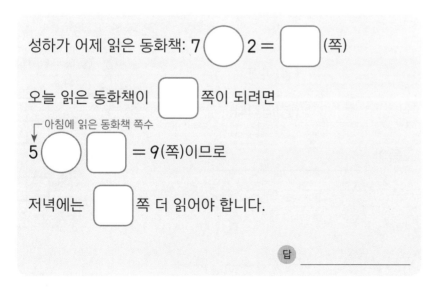

성하가 어제 읽은 동화책: $7\bigcirc 2 = \boxed{}$ (쪽)

오늘 읽은 동화책이 $\boxed{}$ 쪽이 되려면

┌ 아침에 읽은 동화책 쪽수
$5\bigcirc\boxed{} = 9$(쪽)이므로

저녁에는 $\boxed{}$ 쪽 더 읽어야 합니다.

답 _____

✏ 읽은 쪽수만큼 표시해 알아봐요.

어제

오늘

몇 쪽을 읽어야 하는지 그려 봐요.

1. 효진이는 빨간 풍선을 ②개, 파란 풍선을 ④개 가지고 있고,/ 하영이는 빨간 풍선을 ⑥개, 파란 풍선을 ③개 가지고 있습니다. 풍선을 **❶누가** **❷몇 개 더 많이** 가지고 있나요?

효진이가 가진 풍선은 빨간 풍선 2 + 파란 풍선 ☐ = ☐ (개)이고,

하영이가 가진 풍선은 빨간 풍선 6 + 파란 풍선 ☐ = ☐ (개)입니다.

따라서 ☐ 이가 ☐ ◯ ☐ = ☐ (개) 더 많이 가지고 있습니다.

답 ❶ _____ , ❷ _____

문제에서 숫자는 ◯,
조건 또는 구하는 것은 ___,
긴 문장은 /로 끊어 읽어 보세요.

해결 순서
① 효진이가 가지고 있는 풍선의 개수 구하기
↓
② 하영이가 가지고 있는 풍선의 개수 구하기
↓
③ 두 사람이 가지고 있는 풍선의 차 구하기

2. 유호네 모둠은 남학생이 3명, 여학생이 4명이고, 지수네 모둠은 남학생이 2명, 여학생이 3명입니다. **❶누구네 모둠이** **❷몇 명 더 많은가요?**

유호네 모둠은 ___ + ___ = ___ (명)이고,

지수네 모둠은 ___ + ___ = ___ (명)입니다.

따라서 ☐ 네 모둠이 ___ − ___ = ___ (명)

더 ☐ .

답 ❶ _____ , ❷ _____

💡 수판을 이용해 크기를 비교해 봐요.

유호 ◯◯◯◯◯ ◯◯

지수 ◯◯◯◯◯

→ 2칸 덜 그려졌어

1. 수학책을 민주는 ③쪽 풀었고, 윤지는 민주보다 ①쪽 더 많이 풀었습니다. 민주와 윤지가 푼 수학책은 모두 몇 쪽인가요?

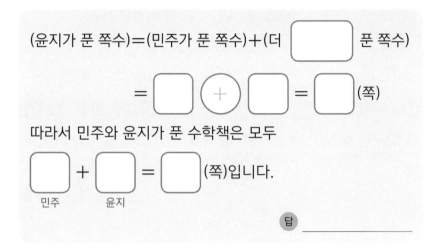

(윤지가 푼 쪽수)=(민주가 푼 쪽수)+(더 [　] 푼 쪽수)

= [　] (+) [　] = [　] (쪽)

따라서 민주와 윤지가 푼 수학책은 모두

[　] + [　] = [　] (쪽)입니다.
민주　　윤지

답 ＿＿＿＿＿＿＿

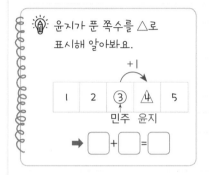

윤지가 푼 쪽수를 △로 표시해 알아봐요.

+1

| 1 | 2 | ③ | ⚠ | 5 |

민주　윤지

➡ [　] + [　] = [　]

2. 사탕을 효주는 ④개 먹었고, 동생은 효주보다 ②개 더 적게 먹었습니다. 효주와 동생이 먹은 사탕은 모두 몇 개인가요?

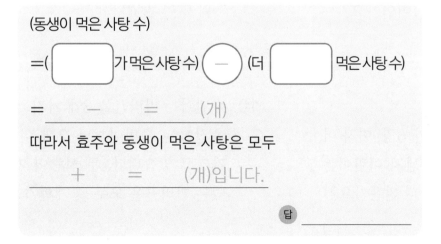

(동생이 먹은 사탕 수)

=([　] 가 먹은 사탕 수) (－) (더 [　] 먹은 사탕 수)

= ＿＿ － ＿＿ = ＿＿ (개)

따라서 효주와 동생이 먹은 사탕은 모두

＿＿ + ＿＿ = ＿＿ (개)입니다.

답 ＿＿＿＿＿＿＿

동생이 먹은 사탕 수를 △로 표시해 알아봐요.

-1　-1

| 1 | 2 | 3 | ④ | 5 | 6 |

효주

➡ [　] - [　] = [　]

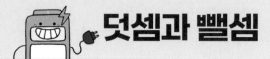

덧셈과 뺄셈

1. 어떤 수와 3을 모으기 하면 7이 됩니다. 어떤 수는 얼마인가요?

(   )

2. 사탕 9개를 주호와 형이 나누어 가졌습니다. 주호가 6개를 가졌다면 형은 몇 개를 가졌나요?

(   )

3. 준영이는 붙임딱지를 5장 모았습니다. 오늘 선생님께서 2장을 더 주셨습니다. 오늘까지 준영이가 모은 붙임딱지는 모두 몇 장인가요?

(   )

4. 화단에 장미가 어제는 3송이, 오늘은 5송이 피었습니다. 어제와 오늘 화단에 핀 장미는 모두 몇 송이인가요?

(   )

5. 놀이터에 남자 어린이가 6명, 여자 어린이가 2명 있습니다. 남자 어린이는 여자 어린이보다 몇 명 더 많은가요?

(   )

6. 꽃밭에 나비가 6마리 있습니다. 그중에서 1마리가 날아갔습니다. 남은 나비는 몇 마리인가요?

(   )

7. 가장 큰 수와 가장 작은 수의 합을 구하세요.

| 1 | 4 | 7 | 6 |

(   )

8. 가장 큰 수와 가장 작은 수의 차를 구하세요.

3   9   5

(   )

9. 민수는 위인전을 2권, 동화책을 1권 읽었고, 보혜는 위인전을 3권, 동화책을 4권 읽었습니다. 누가 책을 몇 권 더 많이 읽었나요?

(,   )

10. 수민이는 머리끈을 3개 가지고 있고 유진이는 수민이보다 2개 더 많이 가지고 있습니다. 두 사람이 가지고 있는 머리끈은 모두 몇 개인가요?

(   )

넷째 마당

비교하기

학교 시험 자신감 충전!

넷째 마당에서는 생활 주변에 있는 여러 가지의 길이, 무게, 넓이, 담을 수 있는 양을 비교하여 말로 표현하는 방법을 배웁니다.

두 가지 또는 세 가지의 물건을 '길다, 짧다', '무겁다, 가볍다', '넓다, 좁다', '많다, 적다' 등으로 비교하며 익히세요.

☐ 를 채워 문장을 완성하면, 학교 시험 자신감 충전 완료!

🚩 공부한 날짜

14 길이 비교하기

⭐ 알맞은 말에 ○를 하세요.

두 가지의 길이 비교
• ~은 ~보다 더 깁니다.
• ~은 ~보다 더 짧습니다.

1.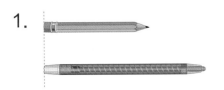

색연필은 연필보다 더 (깁니다 , 짧습니다).

2.

포크는 국자보다 더 (깁니다 , 짧습니다).

길이를 비교할 때에는 물건의 한쪽 끝을 맞춘 다음 다른 쪽 끝을 비교해요.

3.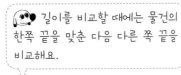

크레파스는 붓보다 더 (깁니다 , 짧습니다).

4.

기차는 버스보다 더 (깁니다 , 짧습니다).

세 가지의 길이 비교
• ~이 가장 깁니다.
• ~이 가장 짧습니다.

⭐ ☐ 안에 알맞은 말을 써넣으세요.

5.

세 물건 중 포크가 가장 ☐ .

세 물건 중 국자가 가장 ☐ .

6.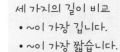

세 물건 중 붓이 가장 ☐ .

세 물건 중 연필이 가장 ☐ .

⭐ ☐ 안에 알맞은 말을 써넣으세요.

1. 지팡이
우산

☐는 ☐보다
더 깁니다.

☐은 ☐보다
더 짧습니다.

2. 연필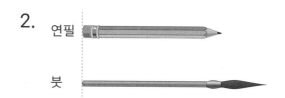
붓

☐은 ☐보다
더 깁니다.

☐은 ☐보다
더 짧습니다.

3. 붓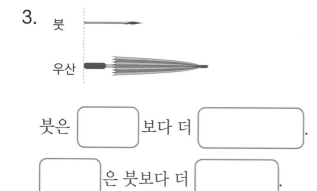
우산

붓은 ☐보다 더 ☐.

☐은 붓보다 더 ☐.

4. 버스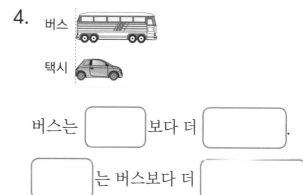
택시

버스는 ☐보다 더 ☐.

☐는 버스보다 더 ☐.

5. 지팡이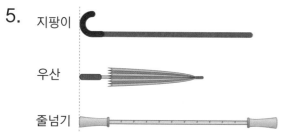
우산

줄넘기

☐가 가장 깁니다.

☐이 ☐ 짧습니다.

6. 택시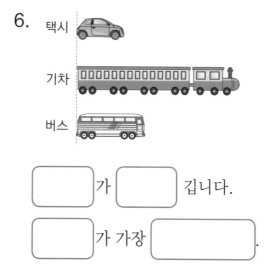
기차

버스

☐가 ☐ 깁니다.

☐가 가장 ☐.

1. 지우의 연필보다 더 긴 연필을 가지고 있는 사람을 모두 쓰세요.

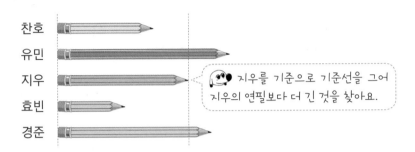

찬호
유민
지우
효빈
경준

지우를 기준으로 기준선을 그어 지우의 연필보다 더 긴 것을 찾아요.

지우의 연필보다 더 긴 연필을 가지고 있는 사람은 ⬚ , ⬚ 입니다.

2. 승기보다 키가 더 큰 사람은 모두 몇 명인가요?

승기를 기준으로 기준선을 그어 승기보다 키가 더 큰 사람을 찾아요.

준하   여정   승기   민수   유진

승기보다 키가 더 큰 사람은 모두 ⬚ 명입니다.

3. 키가 더 작은 사람부터 차례로 ⬚ 안에 이름을 써넣으세요.

	키가 더 작은 사람	키가 더 큰 사람
(1) 서현이는 수민이보다 키가 더 큽니다. ➡	수민	—
(2) 혜수는 석희보다 키가 더 작습니다. ➡		—
(3) 상아는 영지보다 키가 더 큽니다. ➡		—
(4) 민희는 소이보다 키가 더 작습니다. ➡		—

1. 키가 가장 작은 사람은 누구인가요?

> • 준영이는 세미보다 키가 더 큽니다. **①**
>
> • 혜정이는 세미보다 키가 더 작습니다. **②**

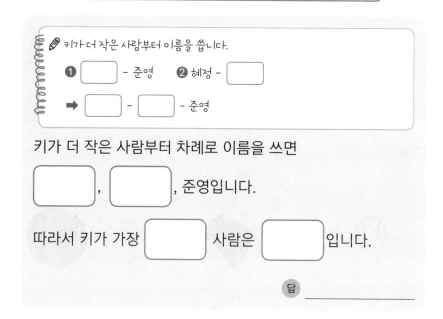

키가 더 작은 사람부터 이름을 씁니다.

① [ ] – 준영   **②** 혜정 – [ ]

➡ [ ] – [ ] – 준영

키가 더 작은 사람부터 차례로 이름을 쓰면

[ ] , [ ] , 준영입니다.

따라서 키가 가장 [ ] 사람은 [ ] 입니다.

답 _____

2. 키가 가장 큰 사람은 누구인가요?

> • 서하는 지수보다 작고, 하이는 서하보다 큽니다.
>   **①**   **②**
>
> • 지수는 하이보다 큽니다. **③**

키가 더 [ ] 사람부터 차례로 이름을 쓰면

[ ] , [ ] , [ ] 입니다.

따라서 키가 가장 큰 사람은 [   ] .

답 _____

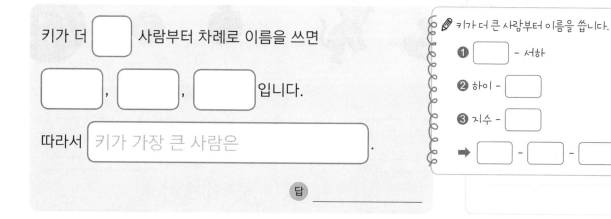

키가 더 큰 사람부터 이름을 씁니다.

① [ ] – 서하

② 하이 – [ ]

③ 지수 – [ ]

➡ [ ] – [ ] – [ ]

문제에서
조건 또는 구하는 것을 ___로
표시해 보세요.

15 무게 비교하기

두 가지의 무게 비교
• ~은 ~보다 더 무겁습니다.
• ~은 ~보다 더 가볍습니다.

⭐ 알맞은 말에 ○를 하세요.

1.

하마는 토끼보다 더
(무겁습니다 , 가볍습니다).

2.

물고기는 상어보다 더
(무겁습니다 , 가볍습니다).

3.

야구공은 볼링공보다 더
(무겁습니다 , 가볍습니다).

4.

수박은 포도보다 더
(무겁습니다 , 가볍습니다).

세 가지의 무게 비교
• ~이 가장 무겁습니다
• ~이 가장 가볍습니다.

⭐ □ 안에 알맞은 말을 써넣으세요.

5.

세 동물 중

코끼리가 가장 [   ] .

다람쥐가 가장 [   ] .

6.

세 과일 중

귤이 가장 [   ] .

수박이 가장 [   ] .

주변의 물건을 직접 들어 보고 힘이 얼마나 드는지 비교해 보세요.
두 가지를 비교할 때에는 '더 무겁다', '더 가볍다'라고 하고, 세 가지를 비교할 때에는 '가장 무겁다', '가장 가볍다'라고 해요.

⭐ ☐ 안에 알맞은 말을 써넣으세요.

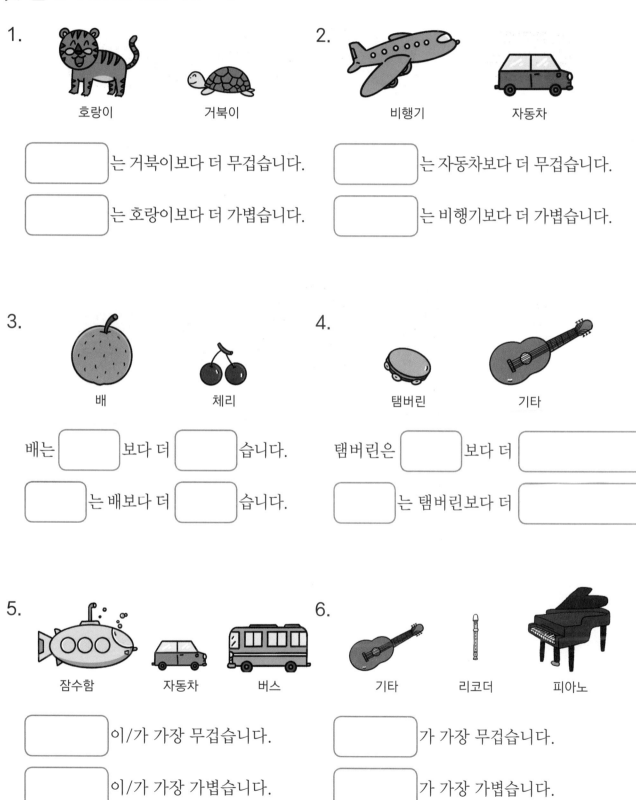

1.
호랑이   거북이

☐ 는 거북이보다 더 무겁습니다.

☐ 는 호랑이보다 더 가볍습니다.

2.
비행기   자동차

☐ 는 자동차보다 더 무겁습니다.

☐ 는 비행기보다 더 가볍습니다.

3.
배   체리

배는 ☐ 보다 더 ☐ 습니다.

☐ 는 배보다 더 ☐ 습니다.

4.
탬버린   기타

탬버린은 ☐ 보다 더 ☐ .

☐ 는 탬버린보다 더 ☐ .

5.
잠수함   자동차   버스

☐ 이/가 가장 무겁습니다.

☐ 이/가 가장 가볍습니다.

6.
기타   리코더   피아노

☐ 가 가장 무겁습니다.

☐ 가 가장 가볍습니다.

1. 버스보다 더 무거운 것은 몇 개인가요?

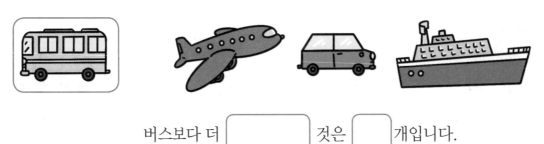

버스보다 더 [   ] 것은 [   ] 개입니다.

2. 토끼보다 더 가벼운 동물은 몇 마리인가요?

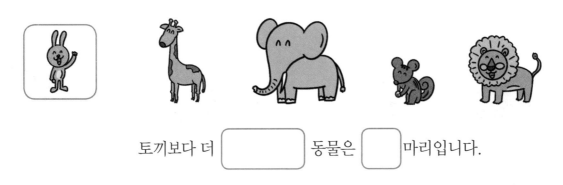

토끼보다 더 [   ] 동물은 [   ] 마리입니다.

3. 몸무게가 더 가벼운 사람부터 차례로 ☐ 안에 이름을 써넣으세요.

더 가벼운 사람   더 무거운 사람

(1) 지아는 건우보다 더 무겁습니다. ➡ [건우] — [   ]

(2) 채원이는 민준이보다 더 가볍습니다. ➡ [   ] — [민준]

(3) 석진이는 승민이보다 더 무겁습니다. ➡ [   ] — [   ]

(4) 건영이는 희준이보다 더 가볍습니다. ➡ [   ] — [   ]

(5) 지혜는 현우보다 더 무겁습니다. ➡ [   ] — [   ]

1. <u>가장 가벼운 동물의 이름</u>을 쓰세요.

> • 기린은 양보다 더 무겁습니다. ❶
>
> • 토끼는 양보다 더 가볍습니다. ❷

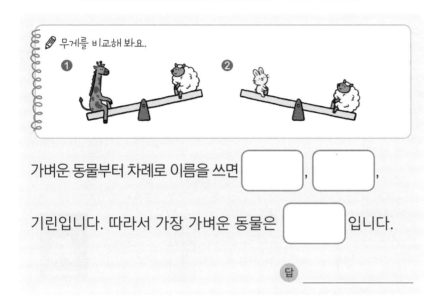

🖉 무게를 비교해 봐요.

가벼운 동물부터 차례로 이름을 쓰면 ☐ , ☐ ,

기린입니다. 따라서 가장 가벼운 동물은 ☐ 입니다.

답 _____

2. <u>몸무게가 가장 무거운 사람</u>은 누구인가요?

> • <u>민서는 현수보다 가볍고,</u> <u>효리는 민서보다 무겁습니다.</u>
>   ❶   ❷
> • <u>효리는 현수보다 무겁습니다.</u> ❸

무거운 사람부터 차례로 이름을 쓰면 ☐ , ☐ ,

☐ 입니다. 따라서 몸무게가 ☐ 무거운 사람은

☐ 입니다.

답 _____

🖉 그림으로 무게를 비교해 봐요.

❶

❷

❸

⭐ 알맞은 말에 ○를 하세요.

두 가지의 넓이 비교
• ~은 ~보다 더 넓습니다.
• ~은 ~보다 더 좁습니다.

1.

칠판은 액자보다
더 (넓습니다 , 좁습니다).

2.

거울은 액자보다
더 (넓습니다 , 좁습니다).

3.

스케치북은 공책보다
더 (넓습니다 , 좁습니다).

4.

봉투는 공책보다
더 (넓습니다 , 좁습니다).

⭐ ☐ 안에 알맞은 말을 써넣으세요.

세 가지의 넓이 비교
• ~이 가장 넓습니다.
• ~이 가장 좁습니다.

5.

세 물건 중

칠판이 가장 ☐ .

거울이 가장 ☐ .

6.

세 물건 중

봉투가 ☐ .

스케치북이 가장 ☐ .

넓이를 비교할 때에는 물건을 서로 겹쳐서 비교하면 더 정확해요. 남는 부분이 있으면 더 넓어요.
두 가지를 비교할 때에는 '더'로 표현하고, 세 가지를 비교할 때에는 '가장'으로 표현해요.

⭐ ☐ 안에 알맞은 말을 써넣으세요.

1.

수첩   달력

☐ 은 ☐ 보다 더 넓습니다.

☐ 은 ☐ 보다 더 좁습니다.

2.

칠판   거울

☐ 은 ☐ 보다 더 넓습니다.

☐ 은 ☐ 보다 더 좁습니다.

3.

거울   수첩

거울은 수첩보다 더 [   ].

수첩은 거울보다 [   ].

4.

달력   칠판

달력은 칠판보다 [   ].

칠판은 달력보다 [   ].

5.

파란색   노란색   빨간색

[   ]색 색종이가 가장 넓습니다.

노란색 색종이가 가장 [   ].

6.

창문   현관문   손거울

현관문이 가장 [   ].

[   ] 이 [   ] 좁습니다.

1. 숲속 공원보다 더 넓은 공원을 찾아 기호를 쓰세요.

숲속 공원보다 더 넓은 공원은 [ ] , [ ] 입니다.

2. 수학책보다 더 좁은 것의 이름을 모두 쓰세요.

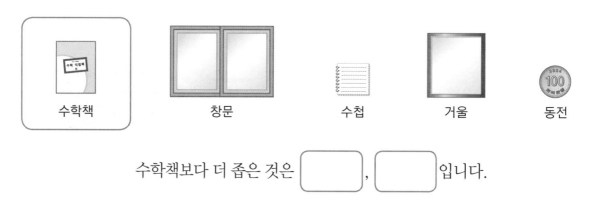

수학책보다 더 좁은 것은 [ ] , [ ] 입니다.

3. 더 좁은 것부터 차례로 ☐ 안에 알맞은 이름을 써넣으세요.

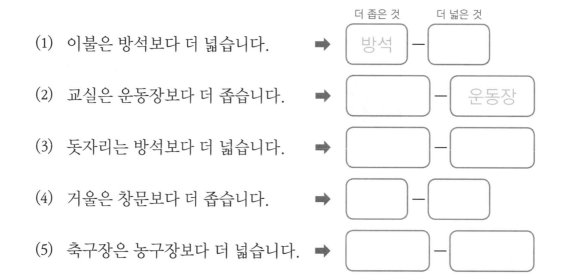

더 좁은 것　　더 넓은 것

(1) 이불은 방석보다 더 넓습니다.　➡　[방석] － [ ]

(2) 교실은 운동장보다 더 좁습니다.　➡　[ ] － [운동장]

(3) 돗자리는 방석보다 더 넓습니다.　➡　[ ] － [ ]

(4) 거울은 창문보다 더 좁습니다.　➡　[ ] － [ ]

(5) 축구장은 농구장보다 더 넓습니다.　➡　[ ] － [ ]

1. 무엇을 심은 꽃밭의 넓이가 <u>가장 넓은가요?</u>

> 장미를 심은 꽃밭은 채송화를 심은 꽃밭보다 더 넓고,/ ❶
> 해바라기를 심은 꽃밭보다 더 좁습니다. ❷

넓은 꽃밭의 꽃부터 차례로 쓰면

[   ] , [   ] , 채송화입니다.

따라서 [   ] 를 심은 꽃밭의 넓이가 가장

[   ] .

답 _____

✏ 장미를 심은 밭을 보고 다른 두 꽃밭을
표시해 봐요.

장미	채송화	해바라기		

2. 어떤 색을 칠한 부분이 <u>가장 좁은가요?</u>

> 빨간색을 칠한 부분은 노란색을 칠한 부분보다 더 넓
> 고,/ ❶ 파란색을 칠한 부분보다 더 좁습니다. ❷

칠한 부분이 좁은 것부터 차례로 쓰면

[   ] , [   ] , [   ] 입니다.

따라서 [   ] 을 칠한 부분이 [   ] .

답 _____

✏ 빨간색을 칠한 부분을 보고
다른 두 색을 칠한 부분을 표시해 봐요.

	빨간색					

⭐ 담을 수 있는 양이 더 많은 것에 ○를 하세요.

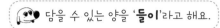
담을 수 있는 양을 '들이'라고 해요.

1.

(   )   (   )

2.

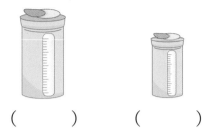

(   )   (   )

두 가지 물건의 담을 수 있는 양 비교
• ~은 ~보다 더 많이 담을 수 있습니다.
• ~은 ~보다 더 적게 담을 수 있습니다.

⭐ 담을 수 있는 양이 더 적은 것에 △를 하세요.

3.

(   )   (   )

4.

(   )   (   )

세 가지 물건의 담을 수 있는 양 비교
• ~에 가장 많이 담을 수 있습니다.
• ~에 가장 적게 담을 수 있습니다.

⭐ 담을 수 있는 양이 가장 많은 것에 ○를, 가장 적은 것에 △를 하세요.

5.

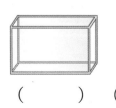

(   ) (   ) (   )

6.

(   ) (   ) (   )

들이는 담을 수 있는 양을 말해요. 들이를 비교할 때에는 물건의 크기를 비교하거나, 담겨 있는 물의 양을 비교해요.
비교하는 대상이 두 가지일 때에는 '더 많다', '더 적다'라고 하고, 세 가지일 때에는 '가장 많다', '가장 적다'라고 해요.

⭐ 그림을 보고 ☐ 안에 알맞은 기호나 말을 써넣으세요.

1. 가   나

☐ 그릇은 ☐ 그릇보다

담을 수 있는 양이 더 많습니다.

2. 가   나

☐ 그릇은 ☐ 그릇보다

담을 수 있는 양이 더 적습니다.

3. 가   나

가 컵은 나 컵보다 담을 수 있는

양이 더 ☐ .

🐶 담을 수 있는 양을 비교할 때에는
'많습니다', '적습니다'와 같이 써요.

4. 가   나

가 컵은 나 컵보다 담을 수 있는

양이 더 ☐ .

5. 가   나   다

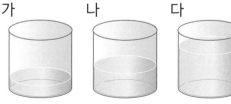

담긴 물의 양이 많은 것부터

차례로 쓰면 다, ☐ , ☐ 입니다.

6. 가   나   다

담긴 물의 양이 적은 것부터

차례로 쓰면 다, ☐ , ☐ 입니다.

문제에서 숫자는 ◯,
조건 또는 구하는 것은 ＿＿로
표시해 보세요.

1. 똑같은 컵에 물을 따랐을 때, 컵에 담긴 물의 양이 더 적은 컵은 무엇인가요?

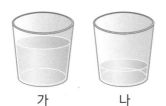

가　　나

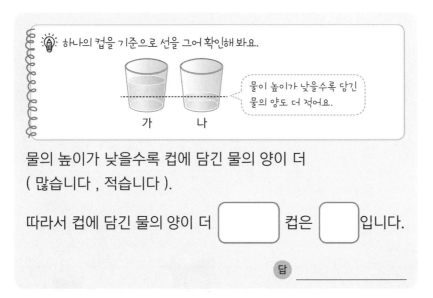

💡 하나의 컵을 기준으로 선을 그어 확인해 봐요.

가　　나

물이 높이가 낮을수록 담긴 물의 양도 더 적어요.

물의 높이가 낮을수록 컵에 담긴 물의 양이 더
(많습니다 , 적습니다).

따라서 컵에 담긴 물의 양이 더 [　　] 컵은 [　] 입니다.

답 ＿＿＿＿＿＿＿

2. 친구들이 똑같은 컵에 주스를 따랐을 때, 컵에 담긴 주스의 양이 가장 많은 친구의 이름을 쓰세요.

정민　　　윤재　　　성훈

💡 하나의 컵을 기준으로
선을 그어 확인해 봐요.

정민　윤재　성훈

주스의 높이가 [높을수록] 컵에 담긴 주스의 양이 더

[　　　　　] .

따라서 컵에 담긴 주스의 양이 가장 [　　] 친구는

[　　] 입니다.

답 ＿＿＿＿＿＿＿

1. 다예가 컵에 물을 가득 담아 그릇에 부었습니다. 가 그릇은 5번, 나 그릇은 7번을 부었더니 각각의 그릇이 가득 찼을 때, 담을 수 있는 양이 더 많은 그릇은 무엇인가요?

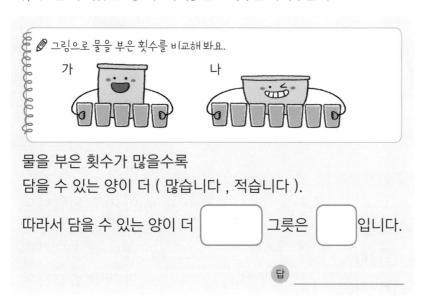

그림으로 물을 부은 횟수를 비교해 봐요.

가   나

물을 부은 횟수가 많을수록

담을 수 있는 양이 더 (많습니다 , 적습니다).

따라서 담을 수 있는 양이 더 [   ] 그릇은 [ ] 입니다.

답 _____

2. 건이가 컵에 물을 가득 담아 그릇에 부었습니다. 가 그릇은 3번, 나 그릇은 2번, 다 그릇은 5번 부었더니 각각의 그릇이 가득 찼을 때, 담을 수 있는 양이 가장 적은 그릇은 무엇인가요?

물을 부은 횟수가 적을수록 담을 수 있는 양이

[   ].

따라서 담을 수 있는 양이 가장 [   ] 그릇은 [ ] 입니다.

답 _____

물을 부은 횟수가 적은 것부터 차례로 써 봐요.

[ ] , [ ] , [ ]

 비교하기

점수   / 100

한 문제당 10점

★ ☐ 안에 알맞은 말을 써넣으세요. [1~2]

연필

붓

1. 연필은 붓보다 더 [   ].

2. 붓은 연필보다 더 [   ].

3. 키가 가장 큰 사람은 누구인가요?

> • 대한이는 민국이보다 작습니다.
> • 만세는 대한이보다 큽니다.
> • 민국이는 만세보다 큽니다.

(   )

4. 넓이를 비교하려고 합니다. ☐ 안에 알맞은 말을 써넣으세요.

수첩은 거울보다 더 [ ]습니다.

5. 가장 가벼운 사람은 누구인가요?

> • 지우는 혜리보다 가볍습니다.
> • 혜리는 선호보다 무겁습니다.
> • 지우는 선호보다 가볍습니다.

(   )

★ 넓이를 비교하려고 합니다. ☐ 안에 알맞은 말을 써넣으세요. [6~8]

달력   현관문   창문

6. 창문은 현관문보다 더 [   ].

7. [   ]이 가장 넓습니다.

8. [   ]이 가장 좁습니다.

9. 다음 중 가장 넓은 밭은 어느 밭인가요?

> • 고구마밭은 상추밭보다 더 넓습니다.
> • 토마토밭은 상추밭보다 더 좁습니다.

(   )

10. ☐ 안에 알맞은 말을 써넣으세요.

가    나

가 컵은 나 컵보다 담을 수 있는

양이 더 [   ].

다섯째 마당

50까지의 수

학교 시험
자신감 충전!

다섯째 마당에서는 50까지의 수를 세고, 10씩 묶어서 표현하는 방법을
배웁니다.
따라서 묶음이라는 개념을 이해하는 것이 중요합니다.
또한 50까지의 수는 2학기에 배울 100까지의 수의 기초이므로 잘 이해하고
넘어가야 해요.
□를 채워 문장을 완성하면, 학교 시험 자신감 충전 완료!

🚩 공부한 날짜

18 9 다음 수, 십몇, 모으기와 가르기

⭐ 수를 두 가지 방법으로 읽어 보세요.

1. ⑩ [십] , [열]

2. ⑪ [ ] , [열하나]

3. ⑫ [ ] , [열둘]

4. ⑬ [십삼] , [ ]

5. ⑭ [십사] , [ ]

6. ⑮ [ ] , [열다섯]

7. ⑯ [ ] , [열여섯]

8. ⑰ [십칠] , [ ]

9. ⑱ [십팔] , [ ]

10. ⑲ [ ] , [ ]

⭐ ☐ 안에 알맞은 수를 써넣으세요.

11. 7과 5를 모으기 하면 ☐ 가 됩니다.

9

10 11

+1 +1

12. 9와 2를 모으기 하면 ☐ 이 됩니다.

✏️ 11개 중 4개를 묶어 확인해 봐요.

13. 11은 4와 ☐ 로 가르기 할 수 있습니다.

14. 13은 9와 ☐ 로 가르기 할 수 있습니다.

⭐ ☐ 안에 알맞은 수를 써넣으세요.

1. 8보다 2 큰 수는 ☐ 입니다.

+1 +1
8 9 10 11

2. 10은 9보다 ☐ 큰 수입니다.

3. 10은 7보다 ☐ 큰 수입니다.

4. 8과 ☐ 를 모으기 하면 10이 됩니다.

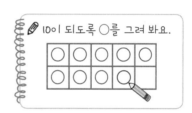

✏ 10이 되도록 ○를 그려 봐요.

5. 4와 ☐ 을 모으기 하면 10이 됩니다.

6. 5와 ☐ 를 모으기 하면 10이 됩니다.

7. ☐ 과 3을 모으기 하면 10이 됩니다.

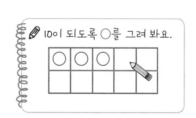

✏ 10이 되도록 ○를 그려 봐요.

8. ☐ 와 6을 모으기 하면 10이 됩니다.

9. ☐ 과 9를 모으기 하면 10이 됩니다.

문제에서 숫자는 ◯,
조건 또는 구하는 것은 ___로
표시해 보세요.

1. 서영이는 동화책을 ⑧권 읽었습니다. 동화책을 ⑩권 읽으려면 몇 권을 더 읽어야 하나요?

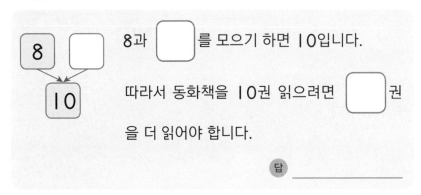

8과 [ ]를 모으기 하면 10입니다.

따라서 동화책을 10권 읽으려면 [ ]권을 더 읽어야 합니다.

답 _____

2. 감자를 진우는 7개 캐고 현수는 5개 캤습니다. 진우와 현수가 캔 감자는 모두 몇 개인가요?

7과 [ ]를 모으기 하면 [ ]입니다.

따라서 진우와 [ ]가 캔 감자는 모두 [ ]개입니다.

답 _____

🖋 모으기를 이용하여 구해 봐요.

진우 현수

7	5

3. 바빠 연산법을 서진이는 6쪽 풀었고, 승현이는 8쪽 풀었습니다. 두 사람이 푼 바빠 연산법은 모두 몇 쪽인가요?

6과 [8을 모으기 하면] 입니다.

따라서 두 사람이 푼 바빠 연산법은 모두 [ ].

답 _____

🖋 모으기를 이용하여 구해 봐요.

서진 승현

6	

1. 초콜릿 ⑩개를 지우와 현지가 나누어 먹으려고 합니다. 지우가 ③개를 먹는다면 현지는 몇 개를 먹을 수 있나요?

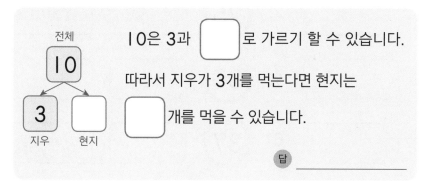

10은 3과 [ ]로 가르기 할 수 있습니다.

따라서 지우가 3개를 먹는다면 현지는

[ ]개를 먹을 수 있습니다.

답 _____

2. 연필 15자루를 서아와 동생이 나누어 가지려고 합니다. 서아가 9자루를 가진다면 동생은 몇 자루를 가질 수 있나요?

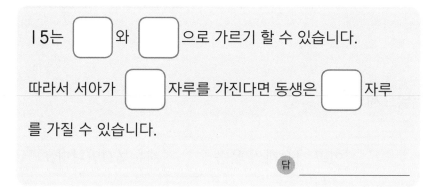

15는 [ ]와 [ ]으로 가르기 할 수 있습니다.

따라서 서아가 [ ]자루를 가진다면 동생은 [ ]자루를 가질 수 있습니다.

답 _____

가르기를 이용하여 구해 봐요.
전체
15
9
서아 동생

3. 사탕 11개를 은서와 건우가 나누어 가지려고 합니다. 은서가 3개를 가진다면 건우는 몇 개를 가질 수 있나요?

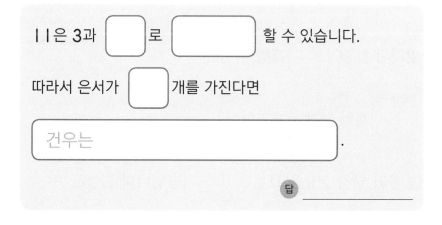

11은 3과 [ ]로 [ ] 할 수 있습니다.

따라서 은서가 [ ]개를 가진다면

건우는 [   ].

답 _____

가르기를 이용하여 구해 봐요.
전체
11
3
은서 건우

⭐ 수를 두 가지 방법으로 읽어 보세요.

1. (20) [이십], [스물] 2. (25) [ ], [스물다섯]

3. (29) [ ], [스물아홉] 4. (30) [삼십], [ ]

5. (35) [삼십오], [ ] 6. (37) [ ], [서른일곱]

7. (40) [ ], [마흔] 8. (46) [사십육], [ ]

9. (48) [사십팔], [ ] 10. (50) [ ], [ ]

⭐ ☐ 안에 알맞은 수를 써넣으세요.

11. 10개씩 묶음 2개는 ☐ 이고, 10개씩 묶음 ☐ 개는 40입니다.

12. 10개씩 묶음 1개와 낱개 7개는 ☐ 입니다.

13. 10개씩 묶음 4개와 낱개 5개는 ☐ 입니다.

14. 28은 10개씩 묶음 2개와 낱개 ☐ 개입니다.

15. 36은 10개씩 묶음 ☐ 개와 낱개 6개입니다.

16. 색종이 10장짜리 3묶음과 낱장 2장은 모두 ☐ 장입니다.

⭐ 다음 조건을 모두 만족하는 수를 구해 보세요.

1.
- 10과 20 사이의 수입니다.
- 낱개의 수가 7입니다.

10과 20 사이의 수: 1
➡ 10개씩 묶음 수: 1

2.
- 30과 40 사이의 수입니다.
- 낱개의 수가 4입니다.

3.
- 40과 50 사이의 수입니다.
- 낱개의 수가 8입니다.

⭐ 수를 보고 설명해 보세요.

4.
24
- ___20___ 과 ___30___ 사이의 수입니다.
- 낱개의 수가 _____ 입니다.

수	10개씩 묶음	낱개
24	2	4

5.
39
- _____ 입니다.
- _____가 9입니다.

6.
42
- _____ 입니다.
- _____ 입니다.

1. 곳감이 <u>10개씩 2묶음</u> 있습니다. 곳감은 모두 몇 개인가요?

_____

2. 구슬이 10개씩 3묶음 있습니다. 구슬은 모두 몇 개인가요?

_____

3. 색종이가 10장씩 5묶음 있습니다. 색종이는 모두 몇 장인가요?

_____

4. 굴비가 ^❶10마리씩 2묶음과 ^❷낱개 8마리가 있습니다. 굴비는 모두 몇 마리인가요?

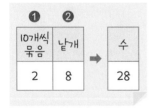

_____

5. 유리 구슬이 10개씩 4묶음과 낱개 1개가 있습니다. 유리 구슬은 모두 몇 개인가요?

_____

6. 스케치북이 10권씩 3묶음과 낱권 5권이 있습니다. 스케치북은 모두 몇 권인가요?

_____

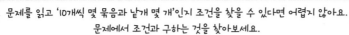
문제에서 숫자는 ◯,
조건 또는 구하는 것은 ___로
표시해 보세요.

1. 주희는 공깃돌을 ⑩개씩 ③묶음과 낱개 ②개를 가지고 있습니다. <u>주희가 가지고 있는 공깃돌은 모두 몇 개</u>인가요?

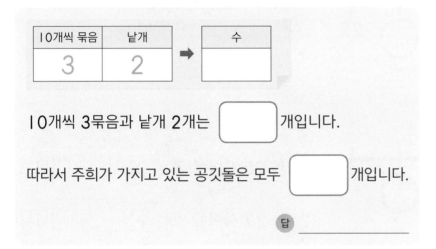

10개씩 묶음	낱개	→	수
3	2		

10개씩 3묶음과 낱개 2개는 [　　] 개입니다.

따라서 주희가 가지고 있는 공깃돌은 모두 [　　] 개입니다.

답 _____

2. 윤지는 수수깡을 10개씩 2묶음과 낱개 7개를 가지고 있습니다. 윤지가 가지고 있는 수수깡은 모두 몇 개인가요?

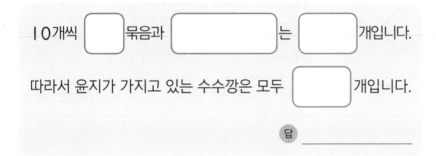

10개씩 [　] 묶음과 [　　　　] 는 [　　] 개입니다.

따라서 윤지가 가지고 있는 수수깡은 모두 [　　] 개입니다.

답 _____

✎ 10개씩 묶음의 수와
낱개의 수로 나타내 봐요.

10개씩 묶음	낱개	→	수

3. 민서는 책을 10권씩 4묶음과 낱권 8권을 가지고 있습니다. 민서가 가지고 있는 책은 모두 몇 권인가요?

[　　　　　　] 과 낱권 [　] 권은 [　] 권
입니다.

따라서 [민서가 가지고 있는 책은 모두　　　　].

답 _____

20 50까지 수의 순서

⭐ 빈칸과 ☐ 안에 알맞은 수를 써넣으세요.

1.
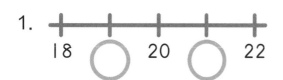

• ●보다 1 큰 수: ● 바로 뒤의 수
• ●보다 1 작은 수: ● 바로 앞의 수

2.

23과 25 사이에 있는 수는 ☐ 이고,

25와 27 사이에 있는 수는 ☐ 입니다.

3.
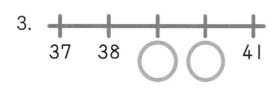

38보다 1만큼 더 큰 수는 ☐ 이고,

41보다 1만큼 더 작은 수는 ☐ 입니다.

4.
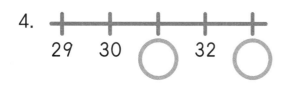

30과 32 사이에 있는 수는 ☐ 이고,

32보다 1만큼 더 큰 수는 ☐ 입니다.

5.
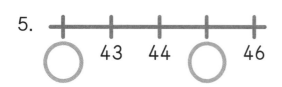

43보다 1만큼 더 작은 수는 ☐ 이고,

44와 46 사이에 있는 수는 ☐ 입니다.

⭐ ☐ 안에 알맞은 수를 써넣으세요.

1.
(12) ◯ (14) (15) ◯ ◯ (18)

(1) 12와 14 사이에 있는 수는 ☐ 입니다.

(2) 15보다 1만큼 더 큰 수는 ☐ 이고,

　　 18보다 1만큼 더 작은 수는 ☐ 입니다.

2.
◯ (29) ◯ (31) ◯ (33) ◯

(1) 29보다 1만큼 더 작은 수는 ☐ 이고, 1만큼 더 큰 수는 ☐ 입니다.

(2) 31과 33 사이에 있는 수는 ☐ 입니다.

(3) 33보다 1만큼 더 큰 수는 ☐ 입니다.

3.
(39) ◯ (41) ◯ ◯ (44) (45)

(1) 39와 41 사이에 있는 수는 ☐ 입니다.

(2) 41보다 1만큼 더 큰 수는 ☐ 이고,

　　 44보다 1만큼 더 작은 수는 ☐ 입니다.

⭐ 동화책을 번호 순서대로 정리하였습니다. ☐ 안에 알맞은 수를 써넣으세요.

★	❀	🐰	❄	♥	✿	🐦	🍓	❀	👑	🐻	🐤	☘	😊
28		30	31	32		34	35	36	37				41

1. 28번과 30번 책 사이에 ☐ 번 책이 꽂혀 있습니다.

2. 32번 책은 31번과 ☐ 번 책 사이에 꽂혀 있습니다.

3. 37번과 41번 사이에 있는 책은 ☐ 번, ☐ 번, ☐ 번입니다.

⭐ 친구들이 야구벤치에 번호 순서대로 앉아 있습니다. ☐ 안에 알맞은 수를 써넣으세요.

18	⃝	20	⃝	22	⃝	⃝	25	26	27	⃝	29
	연아		서하			민호			현수		

4. 연아의 번호는 20번입니다.

연아는 ☐ 번과 ☐ 번 친구 사이에 앉아 있습니다.

5. 서하와 민호 사이에 앉아 있는 친구의 번호는 ☐ 번, ☐ 번입니다.

6. 현수는 27번과 29번 사이인 ☐ 번에 앉아 있습니다.

1. (29)와 (33) 사이의 수는 모두 몇 개인가요?

   29부터 33까지의 수를 순서대로 쓰면

   29, ☐ , ☐ , ☐ , 33입니다.

   　　　　　　3개

   따라서 29와 33 사이의 수는 모두 ☐ 개입니다.

   답 _____

문제에서 숫자는 ◯,
조건 또는 구하는 것은 ___로
표시해 보세요.

29와 33 사이의 수에
29와 33은 포함되지 않아요.

2. 36과 41 사이의 수는 모두 몇 개인가요?

   36부터 41까지의 수를 순서대로 쓰면

   36, ___,___,___,___ , 41입니다.

   따라서 ☐ 과 ☐ 사이의 수는 모두 ☐ 개
   입니다.

   답 _____

3. 27과 34 사이의 수는 모두 몇 개인가요?

   27부터 34까지의 수를 순서대로 쓰면

   ___,___,___,___,___,___,___
   입니다.

   따라서 [27과 34 사이의 수는 모두] .

   답 _____

21 수의 크기 비교하기

1. 10개씩 묶음 2개와 낱개 6개인 수보다 큰 수를 모두 찾아 ○를 하세요.
   ↘26

   (23 , 24 , 25 , 26 , 27 , 28 , 29 , 30)

2. 10개씩 묶음 4개와 낱개 2개인 수보다 작은 수를 모두 찾아 ○를 하세요.

   (37 , 38 , 39 , 40 , 41 , 42 , 43 , 44)

   ↱ 18보다 1만큼 더 큰 수부터 22보다 1만큼 더 작은 수까지!
3. 18보다 크고 22보다 작은 수를 모두 찾아 ○를 하세요.

   (16 , 17 , 18 , 19 , 20 , 21 , 22 , 23)

   > 앗! 실수
   > 18과 22는 포함되지 않아요.

⭐ ☐ 안에 알맞은 수를 써넣으세요.

4. 15보다 크고 21보다 작은 수는 ☐ , ☐ , ☐ , ☐ , ☐
   입니다.

5. 27보다 크고 30보다 작은 수는 ☐ , ☐ 입니다.

6. <u>32와 36 사이의 수</u>는 ☐ , ☐ , ☐ 입니다.

   > 32보다 크고 36보다 작은 수

7. 40과 43 사이의 수는 ☐ , ☐ 입니다.

⭐ 수의 크기를 비교하려고 합니다. ☐ 안에 알맞은 수나 말을 써넣으세요.

1.
┌─────────────┐
│ 20   18   │
└─────────────┘

10개씩 묶음의 수를 비교하면 2가 1보다 큽니다.

따라서 [20]은 [   ]보다 큽니다.

10개씩 묶음의 수가 다르면
낱개의 수를 비교해 보지
않아도 돼요.

2.
┌─────────────┐
│ 31   36   │
└─────────────┘

10개씩 묶음의 수가 같으므로 낱개의 수를 비교하면 1이 6보다 작습니다.

따라서 [31]은 [   ]보다 작습니다.

10개씩 묶음의 수가 같으면
낱개의 수를 비교해 보세요.

3.
┌──────────────────┐
│ 17   32   24   │
└──────────────────┘

10개씩 묶음의 수가 다르므로 가장 큰 수는 10개씩 묶음의 수가 가장 [큰]이

고, 가장 작은 수는 10개씩 묶음의 수가 가장 [작은]입니다.

4.
┌──────────────────┐
│ 38   41   35   │
└──────────────────┘

10개씩 묶음의 수를 비교하면 10개씩 묶음의 수가 가장 [큰]이 가장 큽니다.

38과 35는 10개씩 묶음의 수가 같으므로 낱개의 수를 비교합니다.

8이 5보다 크므로 수를 큰 수부터 차례로 쓰면 [   ], [   ], [   ]입니다.

따라서 가장 큰 수는 [   ]이고, 가장 작은 수는 [   ]입니다.

1. (1)9보다 크고 (2)23보다 작은 수는 모두 몇 개인가요?

문제에서 숫자는 ◯ ,
조건 또는 구하는 것은 ___로
표시해 보세요.

19보다 큰 수는 [20] , [   ] , [   ] , 23 ······

이고, 이 중에서 23보다 작은 수는

[   ] , [   ] , [   ] 입니다.

따라서 19보다 크고 23보다 작은 수는 모두 [   ] 개입니다.

답 _____

2. 27보다 크고 32보다 작은 수는 모두 몇 개인가요?

27보다 큰 수는

___,___,___,___ , 33 ······이고,

이 중에서 [   ] 보다 [   ] 수는

___,___,___ 입니다.

따라서 27보다 [   ] 32보다 [   ] 수는 모두

[   ] 개입니다.

답 _____

두 수의 크기를 비교할 때에는 먼저, 10개씩 묶음의 수를 비교해요. 10개씩 묶음의 수가 클수록 큰 수예요.
10개씩 묶음의 수가 같을 때에는 낱개의 수를 비교하면 낱개의 수가 클수록 큰 수예요.

문제에서 숫자는 ◯,
조건 또는 구하는 것은 ___로
표시해 보세요.

1. 칭찬 스티커를 정우는 21장, 시아는 17장 모았습니다. 칭찬 스티커를 더 많이 모은 사람은 누구인가요?

10개씩 묶음의 수가 [다르므로] 10개씩 묶음의 수가 더 큰 [ ]이 17보다 큽니다.

따라서 칭찬 스티커를 더 많이 모은 사람은 [ ]입니다.

답 ______

2. 책을 준하는 32권 읽었고, 지희는 35권 읽었습니다. 책을 더 적게 읽은 사람은 누구인가요?

10개씩 묶음의 수가 [ ]으로 같으므로 [ ]의 수가 더 작은 [ ]가 35보다 [ ].

따라서 [책을 더 적게 읽은 사람은].

답 ______

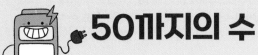

50까지의 수

1. 사과를 진우는 5개 따고 현수는 6개 땄습니다. 진우와 현수가 딴 사과는 모두 몇 개인가요?

( )

2. 사탕 16개를 은서와 건우가 나누어 가지려고 합니다. 은서가 7개를 가진 다면 건우는 몇 개를 가질 수 있나요?

( )

3. 달걀이 10개씩 5묶음 있습니다. 달 걀은 모두 몇 개인가요?

( )

4. 곶감이 10개씩 3묶음과 낱개로 4개 있습니다. 곶감은 모두 몇 개인가요?

( )

5. 민서는 책을 10권씩 2묶음과 낱권 으로 3권을 읽었습니다. 민서가 읽은 책은 모두 몇 권인가요?

( )

6. 19와 22 사이에 있는 수를 모두 쓰 세요.

( )

7. 38과 44 사이에 있는 수는 모두 몇 개인가요?

( )

8. 10개씩 묶음 2개와 낱개 7개인 수 보다 크고 32보다 작은 수를 모두 쓰 세요.

( )

9. 붙임딱지를 민호는 39장, 윤하는 43장 모았습니다. 붙임딱지를 더 적 게 모은 사람은 누구인가요?

( )

10. 수현이는 빨간색 구슬을 29개, 파 란색 구슬을 28개 가지고 있습니 다. 어떤 색 구슬이 더 많은가요?

( )

초등 수학 공부, 이렇게 하면 효과적!

"펑펑 내려야 눈이 쌓이듯 공부도 집중해야 실력이 쌓인다!"

학교 다닐 때는? 학기별 연산책 '바빠 교과서 연산'

'바빠 교과서 연산'부터 시작하세요. 학기별 진도에 딱 맞춘 쉬운 연산 책이니까요! 방학 동안 다음 학기 선행을 준비할 때도 '바빠 교과서 연산'으로 시작하세요! 교과서 순서대로 빠르게 공부할 수 있어, 첫 번째 수학 책으로 추천합니다.

시험이나 서술형 대비는? '나 혼자 푼다 바빠 수학 문장제'

학교 시험을 대비하고 싶다면 '나 혼자 푼다! 수학 문장제'로 공부하세요. 너무 어렵지도 쉽지도 않은 딱 적당한 난이도로, 빈칸을 채우면 풀이 과정이 완성됩니다! 막막하지 않아요~ 요즘 학교 시험 풀이 과정을 손쉽게 연습할 수 있습니다.

방학 때는? 10일 완성 영역별 연산책 '바빠 연산법'

내가 부족한 영역만 골라 보충할 수 있어요! 예를 들어 4학년인데 나눗셈이 어렵다면 나눗셈만, 분수가 어렵다면 분수만 골라 훈련하세요. 방학 때나 학습 결손이 생겼을 때, 취약한 연산 구멍을 빠르게 메꿀 수 있어요!

바빠 연산 영역 :
덧셈, 뺄셈, 구구단, 시계와 시간, 길이와 시간 계산, 곱셈, 나눗셈, 약수와 배수, 분수, 소수, 자연수의 혼합 계산, 분수와 소수의 혼합 계산, 평면도형 계산, 입체도형 계산, 비와 비례, 방정식, 확률과 통계

바빠 시리즈 초등 학년별 추천 도서

학년	학기별 연산책 바빠 교과서 연산 학기 중, 선행용으로 추천!	나 혼자 푼다 바빠 수학 문장제 학교 시험 서술형 완벽 대비!
1학년	·바빠 교과서 연산 1-1 ·바빠 교과서 연산 1-2	·나 혼자 푼다 바빠 수학 문장제 1-1 ·나 혼자 푼다 바빠 수학 문장제 1-2
2학년	·바빠 교과서 연산 2-1 ·바빠 교과서 연산 2-2	·나 혼자 푼다 바빠 수학 문장제 2-1 ·나 혼자 푼다 바빠 수학 문장제 2-2
3학년	·바빠 교과서 연산 3-1 ·바빠 교과서 연산 3-2	·나 혼자 푼다 바빠 수학 문장제 3-1 ·나 혼자 푼다 바빠 수학 문장제 3-2
4학년	·바빠 교과서 연산 4-1 ·바빠 교과서 연산 4-2	·나 혼자 푼다 바빠 수학 문장제 4-1 ·나 혼자 푼다 바빠 수학 문장제 4-2
5학년	·바빠 교과서 연산 5-1 ·바빠 교과서 연산 5-2	·나 혼자 푼다 바빠 수학 문장제 5-1 ·나 혼자 푼다 바빠 수학 문장제 5-2
6학년	·바빠 교과서 연산 6-1 ·바빠 교과서 연산 6-2	·나 혼자 푼다 바빠 수학 문장제 6-1 ·나 혼자 푼다 바빠 수학 문장제 6-2

'바빠 교과서 연산'과
'바빠 수학 문장제'를
함께 풀면
한 학기 수학 완성!

이번 학기 공부 습관을 만드는 첫 연산 책! 새 교육과정 반영 연산 책! 새 교육과정 반영

바른 인도들이 즐거워지는
바른 학습법

바빠 교과서 연산 2-1

"우리 아이가
끝까지 푼 책은
이 책이 처음이에요."

작은 발걸음 방식 문제 배치, 전문가의 연산 꿀팁 가득!

이지스에듀

새 교육과정 반영 새 교육과정 반영

나 혼자 푼다

바빠 수학 문장제

빈칸을 채우면
풀이는 저절로 완성!

새로 바뀐 1학기 교과서에 맞추어
주관식부터 서술형까지 해결!
[특강 부록] 단원평가 100점 문제 모음

2-1
2학년 1학기

1-1
1학년 1학기

이지스에듀

나 혼자 푼다

바빠

수학 문장제

정답 및 풀이

+ 단원평가

막막하지 않아요~

100점

빈칸을 채우면
풀이는 저절로 완성!

1-1
1학년 1학기

이지스에듀

정답 및 풀이

＋단원평가

첫째 마당 9까지의 수

01 9까지의 수 알아보기

8쪽

1. 둘, 이　　　　　　　　2. 셋, 삼
3. 넷, 사　　　　　　　　4. 다섯, 오
5. 여섯, 육　　　　　　　6. 일곱, 칠
7. 여덟, 팔　　　　　　　8. 아홉, 구
9. 3 / 셋, 삼　　　　　10. 7 / 일곱, 칠

9쪽

1. I / 하나, 한　　　　　2. 2 / 둘, 두
3. 4 / 넷, 네　　　　　　4. 5 / 다섯, 다섯
5. 7 / 일곱입니다, 일곱 개 있습니다

10쪽

1. 5, 5　　　　　　　　2. 6, 6
3. I　　　　　　　　　　4. 4
5. 8　　　　　　　　　　6. 2, 9

11쪽

1. (1) I명　　　　(2) 4명
2. (1) 2개　　　　(2) 6개
3. 3개

02 순서 알아보기

12쪽

1.

2.

13쪽

1. 하마　　　　　　　　2. 호랑이입니다
3. 넷　　　　　　　　　4. 둘
5. 여섯, 넷째에 있습니다　6. 사자

14쪽

1. 일곱　　　　　　　　2. 여섯
3. 여섯째입니다　　　　4. 주황
5. 연두　　　　　　　　6. 노란

15쪽

1. 6　　　　　　　　　　답 6명
2. 8　　　　　　　　　　답 8명

03 수의 순서 알아보기

16쪽

1. 3　　　　　　　　　　2. 6
3. 9　　　　　　　　　　4. 6
5. 8　　　　　　　　　　6. 6
7. 2　　　　　　　　　　8. 2

17쪽

1. 3　　　　　　　　　　2. 4
3. 6　　　　　　　　　　4. 8
5. 8　　　　　　　　　　6. 6
7. 5　　　　　　　　　　8. 3

18쪽

1. I 2 3 4 5 6 7 8 9
2. 5　　　　　　　　　3. 8
4. 9 8 7 6 5 4 3 2 I
5. 7　　　　　　　　　6. 2

1. 2
2. 7
3. 6
4. 1

1. 2
2. 6
3. 3
4. 7
5. 4, 2
6. 8, 6

1. 3
2. 6
3. 5
4. 3
5. 6
6. 9

1. 4
2. 6
3. 3
4. 7
5. 5

1. 9 / 9   답 9번
2. 1, 6 / 6개   답 6개
3. 1만큼 더 큰 수는 7입니다 / 7개입니다
답 7개

1. 많습니다 / 큽
2. 적습니다 / 작습
3. (1) 7 (2) 3, 큽니다
4. (1) 4 (2) 4, 6, 작습니다
5. (1) 8 (2) 5, 8
6. (1) 4, 2 (2) 2, 4

1. 7, 8, 9, 3   답 3개
2. 1, 2, 3, 4, 5 / 5   답 5개
3. 5, 6, 7 / 5, 6, 7 / 크고, 작은, 3
답 3개

1. 3, 5, 7 / 7 / 7   답 7
2. 4, 6, 8 / 4 / 작은 / 4   답 4
3. 2, 4, 5, 8 / 앞, 2 / 뒤, 8 / 가장 큰 수는 8
/ 가장 작은 수는 2   답 8, 2

1. 7, 4 / 재희   답 재희
2. 3, 작습니다 / 적은, 공책   답 공책
3. 5, 큽니다 / 많은, 사과   답 사과

1. 6 / 여섯, 육   2. 4개   3. 토끼

4. 7명   5. 6   6. 5

7. 5개   8. 7자루   9. 3개

10. 명호

3.

돼지 기린 곰 토끼 다람쥐 하마

첫째 둘째 셋째 넷째 다섯째 여섯째

➡ 왼쪽에서 넷째에 서 있는 동물은 토끼입니다.

4.

앞 ○ (순지) ○ ○ ○ ○ ○ 뒤
     6   5   4   3   2   1

➡ 달리기를 하고 있는 어린이는 모두 7명입니다.

9. 3부터 7까지의 수를 순서대로 쓰면 3, 4, 5, 6, 7 이고, 이 중에서 3보다 크고 7보다 작은 수는 4, 5, 6입니다.

➡ 3보다 크고 7보다 작은 수는 모두 3개입니다.

10. 두 수의 크기를 비교하면 5는 3보다 큽니다.

➡ 사탕을 더 많이 가지고 있는 친구는 명호입니다.

둘째 마당 여러 가지 모양

06 여러 가지 모양 알아보기

30쪽

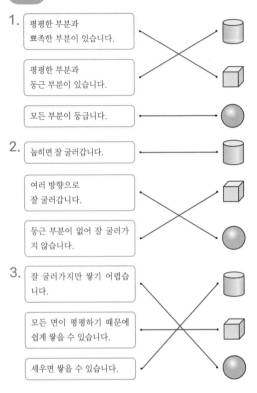

1.
평평한 부분과 뾰족한 부분이 있습니다.
평평한 부분과 둥근 부분이 있습니다.
모든 부분이 둥급니다.

2.
눕히면 잘 굴러갑니다.
여러 방향으로 잘 굴러갑니다.
둥근 부분이 없어 잘 굴러가지 않습니다.

3.
잘 굴러가지만 쌓기 어렵습니다.
모든 면이 평평하기 때문에 쉽게 쌓을 수 있습니다.
세우면 쌓을 수 있습니다.

31쪽

1. ●   2. ▯   3. ◻

4. ◻   5. ▯   6. ◻

7. ▯   8. ●

9. 쉽게 쌓을 수 있으나 잘 굴러가지 않습니다.

10. 눕히면 잘 굴러가고 세우면 쌓을 수 있습니다.

11. 여러 방향으로 잘 굴러가지만 쌓기 어렵습니다.

32쪽

1. 쌓을 수 / ㉠, ㉢   2. 잘 굴러가는 / ㉠, ㉡

3. 쌓을 / 굴릴 / ㉡

33쪽

1. ▯ / ㉡, ㉣, ㉢, ◎ / 4   답 4개

2. ㉢, ㊅   3. ㉠, ㉣

34쪽

1. (1) [원기둥 모양] (2) ① 있습니다 ② 있습니다
2. (1) [상자 모양] (2) ① 있습니다 ② 없습니다
3. (1) [상자 모양], [원기둥 모양] (2) ① 있습니다 ② 있습니다
4. (1) [원기둥 모양], [공 모양] (2) ① 있습니다 ② 굴러갑니다

35쪽

1. 2, 5   2. 5, 4
3. 4, 4   4. 3, 2, 1
5. 3, 5, 1   6. 6, 3, 2

36쪽

1. 5, 4, 3   2. 2, 5, 7
3. 8, 6, 4   4. 5, 7, 4

37쪽

1. 5, 2, 3 / 많이, [상자 모양]   답 [상자 모양]

2. 4, 1, 6 / 가장 적게 사용한 모양은 [원기둥 모양]

답 [원기둥 모양]

둘째 마당 통과 문제   **38쪽**

1. [원기둥 모양]   2. [상자 모양]   3. [공 모양]
4. (○) (○) (   )   5. ㉡
6. [원기둥 모양]   7. 5개   8. 6개
9. [공 모양]   10. [상자 모양]

5. 여러 방향으로 잘 굴러가는 모양은 [공 모양] 모양입니다.
   [공 모양] 모양은 ㉡ 축구공입니다.
6. 모양을 만드는 데 [상자 모양] 모양을 2개, [원기둥 모양] 모양을 5개 사용했습니다.
   ➡ 더 많이 사용한 모양은 [원기둥 모양] 모양입니다.
9~10. [상자 모양] 모양을 2개, [원기둥 모양] 모양을 5개, [공 모양] 모양을 7개 사용했으므로 가장 많이 사용한 모양은 [공 모양] 모양이고, 가장 적게 사용한 모양은 [상자 모양] 모양입니다.

---

08 모으기와 가르기 (1)

40쪽

1. 5 / 5   2. 6 / 6
3. 5 / 5   4. 4 / 4
5. 3 / 3   6. 9 / 9

41쪽

1. (1) 5   (2) 5
2. (1) 7   (2) 7
   (3) 모으기 하면 7이 됩니다
3. (1) 8   (2) 7   (3) 6
   (4) 5   (5) 4   (6) 3
   (7) 2로 가르기 할 수 있습니다
   (8) 1로 가르기 할 수 있습니다

42쪽

1. 9   2. 3   3. 4
4. 3   5. 6   6. 7
7. 2

43쪽

1. 5   2. 9   3. 7
4. 2   5. 3, 2

---

09 모으기와 가르기 (2)

44쪽

1. 7 / 7   답 7개
2. 2, 모으기, 4 / 4   답 4권
3. 5를 모으기 하면 6이
   / 담은 도토리는 모두 6개입니다.   답 6개

1. 5 / 5　　　　　　　　　　　답 5개
2. 4, 가르기 / 오른쪽, 4　　　　답 4개
3. 5와 2로 가르기 할 수 있습니다 / 2
　　　　　　　　　　　　　　　답 2개

46쪽

1. 3, 5, 8 / 구슬, 8　　　　　　답 8개
2. 7, 5, 2, 가르기 / 진아, 사탕, 5　답 5개

47쪽

1. 모으기, 8, 7 / 큰, 수호　　　답 수호
2. 모으기, 7, 9, 8 / 가장, 민준　답 민준

10 덧셈하기

48쪽

1. 덧셈식 3, 1, 4　　읽기 3, 1, 4 / 3, 1, 4
2. 덧셈식 2, 4, 6
　　읽기 더하기, 6, 같습니다 / 4, 합, 6
3. 덧셈식 5+3=8
　　읽기 5 더하기 3은 8과 같습니다
　　　　/ 5와 3의 합은 8입니다

49쪽

1. 6, 6 / 6　　　　　　　　　答 6마리
2. 2, 5 / 3, 2, 5 / 5　　　　　답 5마리
3. 3, 9, 6+3=9 / 물고기는 모두 9마리입니다
　　　　　　　　　　　　　　　답 9마리

50쪽

1. 7, 7　　　　　　　　　　　답 7개
2. 4, 1, 5, 5　　　　　　　　答 5권
3. 2+7=9, 모두 9명입니다　　답 9명

51쪽

1. 2, 4, 6, 6　　　　　　　　答 6마리
2. 7+1=8, 8　　　　　　　　答 8장
3. 예 6+2=8이므로 어제와 오늘 화단에 핀 장미는
　　모두 8송이입니다.　　　　답 8송이

11 뺄셈하기

52쪽

1. 뺄셈식 6, 2, 4　　읽기 2, 4 / 2, 4
2. 뺄셈식 9, 3, 6
　　읽기 빼기, 6, 같습니다 / 9, 차, 6
3. 뺄셈식 8-3=5
　　읽기 8 빼기 3은 5와 같습니다
　　　　/ 8과 3의 차는 5입니다

53쪽

1. 3, 3 / 3　　　　　　　　　答 3개
2. 3, 가르기 할 수 있으므로, 3 / 3　답 3자루
3. 4, 8-4=4 / 4　　　　　　答 4마리

54쪽

1. 1 / 1　　　　　　　　　　答 1개
2. -, 4, 2 / 2, 더 많습니다　　答 2대
3. 7-3=4 / 여학생, 4, 더 많습니다　답 4명

55쪽

1. 5, 2, 3 / 3　　　　　　　　答 3개
2. 8-3=5 / 남은 초콜릿은 5개　答 5개
3. 예 7-2=5이므로 검은 공은 흰 공보다 5개 더
　　많습니다.　　　　　　　　答 5개

12 덧셈과 뺄셈 (1)

56쪽

1. (1) 2, 5, 7 (2) 5, 2, 7
2. (1) 2, 6, 8 (2) 6, 2, 8
3. (1) 6, 2, 4 (2) 6, 4, 2
4. (1) 9, 2, 7 (2) 9, 7, 2

57쪽

1. 5, 3 / 5, 3, 8 답 8
2. 6, 1 / 6, 1, 5 답 5
3. 7, 가장 작은 수는 0 / 차, 7−0=7 답 7

58쪽

1. 8, 1 / 합, 8, 1, 9 답 9
2. 9, 4 / 차, 9, 4, 5 답 5
3. 6 / 작은, 2 / 작은, 합, 6, 2, 8 답 8

59쪽

1. 큰, 두 / 5, 2 / 합, 큰, 5, 2, 7 / 합, 7
  답 7
2. 큰, 큰, 두, 큰 / 합이 가장 큰 덧셈식, 5+4=9
  / 합은 9 답 9

13 덧셈과 뺄셈 (2)

60쪽

1. 4, 6 / 3, 6 / 3
2. 5, 3, 8 / 2, 8 / 2
3. 2, 7, 9 / 4, 9 / 4

61쪽

1. 2, 3, 5 / 5, 1 / 1 답 1개
2. +, 9 / 9, +, 4 / 4 답 4쪽

62쪽

1. 2, 4, 6 / 6, 3, 9 / 하영, 9, −, 6, 3
  답 하영, 3개
2. 3+4=7 / 2+3=5 / 유호, 7−5=2, 많습니다
  답 유호네 모둠, 2명

63쪽

1. 많이 / 3, +, 1, 4 / 3, 4, 7 답 7쪽
2. 효주, −, 적게 / 4−2=2(개)
  / 4+2=6(개)입니다. 답 6개

셋째 마당 통과 문제 64쪽

1. 4 2. 3개 3. 7장
4. 8송이 5. 4명 6. 5마리
7. 8 8. 6 9. 보혜, 4권
10. 8개

7. 가장 큰 수는 7이고, 가장 작은 수는 1이므로 두 수
  의 합은 7+1=8입니다.
8. 가장 큰 수는 9이고, 가장 작은 수는 3이므로 두 수
  의 차는 9−3=6입니다.
9. 민수가 읽은 책은 2+1=3(권)이고,
  보혜가 읽은 책은 3+4=7(권)입니다.
  ➡ 보혜가 책을 7−3=4(권) 더 많이 읽었습니다.
10. 유진이가 가지고 있는 머리끈: 3+2=5(개)
  ➡ 두 사람이 가지고 있는 머리끈은 모두
    3+5=8(개)입니다.

14 길이 비교하기

66쪽

1. '깁니다'에 ○
2. '짧습니다'에 ○
3. '짧습니다'에 ○
4. '깁니다'에 ○
5. 짧습니다 / 깁니다
6. 깁니다 / 짧습니다

67쪽

1. 지팡이, 우산 / 우산, 지팡이
2. 붓, 연필 / 연필, 붓
3. 우산, 짧습니다 / 우산, 깁니다
4. 택시, 깁니다 / 택시, 짧습니다
5. 줄넘기 / 우산, 가장
6. 기차, 가장 / 택시, 짧습니다

68쪽

1. 유민, 경준
2. 2
3. (1) 수민, 서현 (2) 혜수, 석희
   (3) 영지, 상아 (4) 민희, 소이

69쪽

1. 혜정, 세미 / 작은, 혜정 답 혜정
2. 큰, 지수, 하이, 서하
   / 키가 가장 큰 사람은 지수입니다 답 지수

15 무게 비교하기

70쪽

1. '무겁습니다'에 ○
2. '가볍습니다'에 ○
3. '가볍습니다'에 ○
4. '무겁습니다'에 ○
5. 무겁습니다 / 가볍습니다
6. 가볍습니다 / 무겁습니다

71쪽

1. 호랑이 / 거북이
2. 비행기 / 자동차
3. 체리, 무겁 / 체리, 가볍
4. 기타, 가볍습니다 / 기타, 무겁습니다
5. 잠수함 / 자동차
6. 피아노 / 리코더

72쪽

1. 무거운, 2
2. 가벼운, 1
3. (1) 건우, 지아 (2) 채원, 민준
   (3) 승민, 석진 (4) 건영, 희준
   (5) 현우, 지혜

73쪽

1. 토끼, 양 / 토끼 답 토끼
2. 효리, 현수, 민서 / 가장, 효리 답 효리

16 넓이 비교하기

74쪽

1. '넓습니다'에 ○
2. '좁습니다'에 ○
3. '넓습니다'에 ○
4. '좁습니다'에 ○
5. 넓습니다 / 좁습니다
6. 가장 좁습니다 / 넓습니다

75쪽

1. 달력, 수첩 / 수첩, 달력
2. 칠판, 거울 / 거울, 칠판
3. 넓습니다 / 더 좁습니다
4. 더 좁습니다 / 더 넓습니다
5. 파란 / 좁습니다
6. 넓습니다 / 손거울, 가장

1. ㉡, ㉣

2. 수첩, 동전

3. (1) 방석, 이불 (2) 교실, 운동장

(3) 방석, 돗자리 (4) 거울, 창문

(5) 농구장, 축구장

1. 해바라기, 장미 / 해바라기, 넓습니다

답 해바라기

2. 노란색, 빨간색, 파란색 / 노란색, 가장 좁습니다

답 노란색

17 담을 수 있는 양 비교하기

1. (   )(○)   2. (○)(   )
3. (   )(△)   4. (△)(   )
5. (○)(△)(   )   6. (△)(○)(   )

1. 가, 나   2. 나, 가
3. 적습니다   4. 많습니다
5. 나, 가   6. 가, 나

1. '적습니다'에 ○ / 적은, 나   답 나

2. 높을수록, 많습니다 / 많은, 정민   답 정민

1. '많습니다'에 ○ / 많은, 나   답 나

2. 더 적습니다 / 적은, 나   답 나

1. 짧습니다   2. 깁니다   3. 민국
4. 좁   5. 지우   6. 좁습니다
7. 현관문   8. 달력   9. 고구마밭
10. 많습니다

1. 물건의 왼쪽 끝을 맞추었으므로 오른쪽 끝이 더 적게 나온 연필이 붓보다 더 짧습니다.

2. 물건의 왼쪽 끝을 맞추었으므로 오른쪽 끝이 더 많이 나온 붓이 연필보다 더 깁니다.

3. 키가 더 큰 사람부터 씁니다.

• 대한이는 민국이보다 작습니다. → 민국 — 대한

• 만세는 대한이보다 큽니다. → 만세 — 대한

• 민국이는 만세보다 큽니다. → 민국 — 만세

➡ 민국 — 만세 — 대한

따라서 키가 가장 큰 사람은 민국입니다.

5. 몸무게가 더 가벼운 사람부터 씁니다.

• 지우는 혜리보다 가볍습니다. → 지우 — 혜리

• 혜리는 선호보다 무겁습니다. → 선호 — 혜리

• 지우는 선호보다 가볍습니다. → 지우 — 선호

➡ 지우 — 선호 — 혜리

따라서 가장 가벼운 사람은 지우입니다.

7~8. 넓은 것부터 순서대로 쓰면 현관문, 창문, 달력이므로 현관문이 가장 넓고, 달력이 가장 좁습니다.

9. 넓이가 더 넓은 밭부터 씁니다.

• 고구마밭은 상추밭보다 더 넓습니다.

→ 고구마밭 — 상추밭

• 토마토밭은 상추밭보다 더 좁습니다.

→ 상추밭 — 토마토밭

➡ 고구마밭 — 상추밭 — 토마토밭

따라서 가장 넓은 밭은 고구마밭입니다.

18 9 다음 수, 십몇, 모으기와 가르기

84쪽

1. 십, 열
2. 십일, 열하나
3. 십이, 열둘
4. 십삼, 열셋
5. 십사, 열넷
6. 십오, 열다섯
7. 십육, 열여섯
8. 십칠, 열일곱
9. 십팔, 열여덟
10. 십구, 열아홉
11. 12
12. 11
13. 7
14. 4

85쪽

1. 10
2. 1
3. 3
4. 2
5. 6
6. 5
7. 7
8. 4
9. 1

86쪽

1. 2 / 2　　　　　　　　　　답 2권
2. 5, 12 / 현수, 12　　　　답 12개
3. 8을 모으기 하면 14 / 14쪽입니다　답 14쪽

87쪽

1. 7 / 7　　　　　　　　　　답 7개
2. 9, 6 / 9, 6　　　　　　　답 6자루
3. 8, 가르기 / 3, 건우는 8개를 가질 수 있습니다
　　　　　　　　　　　　　답 8개

19 10개씩 묶어 세기, 50까지의 수

88쪽

1. 이십, 스물
2. 이십오, 스물다섯
3. 이십구, 스물아홉
4. 삼십, 서른
5. 삼십오, 서른다섯
6. 삼십칠, 서른일곱
7. 사십, 마흔
8. 사십육, 마흔여섯
9. 사십팔, 마흔여덟
10. 오십, 쉰
11. 20, 4
12. 17
13. 45
14. 8
15. 3
16. 32

89쪽

1. 17
2. 34
3. 48
4. 20, 30 / 4
5. 30과 40 사이의 수 / 낱개의 수
6. 40과 50 사이의 수 / 낱개의 수가 2

90쪽

1. 20개
2. 30개
3. 50장
4. 28마리
5. 41개
6. 35권

91쪽

1. 32 / 32　　　　　　　　　답 32개
2. 2, 낱개 7개, 27 / 27　　　답 27개
3. 10권씩 4묶음, 8, 48
　 / 민서가 가지고 있는 책은 모두 48권입니다
　　　　　　　　　　　　　답 48권

20 50까지 수의 순서

92쪽

1. 19, 21
2. 24, 26 / 24, 26
3. 39, 40 / 39, 40
4. 31, 33 / 31, 33
5. 42, 45 / 42, 45

93쪽

1. (1) 13
   (2) 16, 17
2. (1) 28, 30
   (2) 32
   (3) 34
3. (1) 40
   (2) 42, 43

94쪽

1. 29
2. 33
3. 38, 39, 40
4. 19, 21
5. 23, 24
6. 28

95쪽

1. 30, 31, 32 / 3   답 3개
2. 37, 38, 39, 40 / 36, 41, 4   답 4개
3. 27, 28, 29, 30, 31, 32, 33, 34
   / 27과 34 사이의 수는 모두 6개입니다
       답 6개

21 수의 크기 비교하기

96쪽

1. 27, 28, 29, 30
2. 37, 38, 39, 40, 41
3. 19, 20, 21
4. 16, 17, 18, 19, 20
5. 28, 29
6. 33, 34, 35
7. 41, 42

97쪽

1. 20, 18
2. 31, 36
3. 큰 32, 작은 17
4. 큰 41 / 41, 38, 35 / 41, 35

98쪽

1. 20, 21, 22 / 20, 21, 22 / 3   답 3개
2. 28, 29, 30, 31, 32 / 32, 작은
   / 28, 29, 30, 31 / 크고, 작은, 4
       답 4개

99쪽

1. 다르므로, 21 / 정우   답 정우
2. 3, 낱개, 32, 작습니다
   / 책을 더 적게 읽은 사람은 준하입니다
       답 준하

다섯째 마당 통과 문제   100쪽

1. 11개
2. 9개
3. 50개
4. 34개
5. 23권
6. 20, 21
7. 5개
8. 28, 29, 30, 31
9. 민호
10. 빨간색 구슬

7. 38과 44 사이에 있는 수는 39, 40, 41, 42, 43으로 모두 5개입니다.

8. 10개씩 묶음 2개와 낱개 7개인 수는 27입니다. 따라서 27보다 크고 32보다 작은 수는 28, 29, 30, 31입니다.

9. 39와 43은 10개씩 묶음의 수가 다르므로 10개씩 묶음의 수가 더 작은 39가 43보다 작습니다. 따라서 붙임딱지를 더 적게 모은 사람은 민호입니다.

10. 29와 28은 10개씩 묶음의 수가 같으므로 낱개의 수가 더 큰 29가 28보다 큽니다. 따라서 빨간색 구슬이 더 많습니다.

1. '4'에 ○ / '사'에 ○
2. (1) 3 (2) 5
3. ( ) (○) ( )
4. (1) 7 (2) 3, 4
5. (1) '7'에 ○ (2) '6'에 ○
6. (1) 0 / 2 (2) 7 / 9
7. '적습니다'에 ○ / 5, '작습니다'에 ○
8. (1) 3 (2) 7
9. 9, 7, 4, 2
10. 풀이 예 연필은 5자루, 지우개는 6개입니다.
    따라서 6은 5보다 크므로 더 많은 것은 지우개
    입니다.
    답 지우개

1. 사과의 수가 넷이므로 4라 씁니다.
   4는 넷 또는 사라고 읽습니다.
2. (1) 크레파스의 수가 셋이므로 3이라 씁니다.
   (2) 야구공의 수가 다섯이므로 5라 씁니다.
3. 8은 여덟이라고 읽습니다. 여섯은 6입니다.
   따라서 나타내는 것이 다른 것은 여섯입니다.
4. (1) 수를 순서대로 쓰면 6, 7, 8입니다.
   (2) 수를 순서대로 쓰면 3, 4, 5, 6입니다.
5. (1) 7은 5보다 큽니다.
   (2) 6은 3보다 큽니다.
6. (1) 1보다 1만큼 더 작은 수는 0이고,
       1보다 1만큼 더 큰 수는 2입니다.
   (2) 8보다 1만큼 더 작은 수는 7이고,
       8보다 1만큼 더 큰 수는 9입니다.
7. 거북이의 수는 넷이고, 토끼의 수는 다섯입니다.
   거북이는 토끼보다 적습니다.
   ➡ 4는 5보다 작습니다.
8. (1) 4보다 1만큼 더 작은 수는 3입니다.
   (2) 2보다 1만큼 더 큰 수는 7입니다.
9. 4, 7, 9, 2를 큰 수부터 차례로 쓰면 9, 7, 4, 2입
   니다.

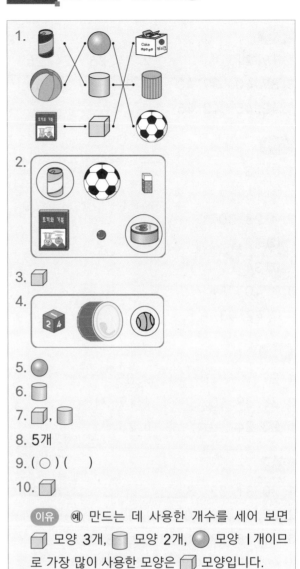

1.
2.
3. ⬜
4.
5. ⚪
6. ⬜
7. ⬜, ⬜
8. 5개
9. (○) ( )
10. ⬜
   이유 예 만드는 데 사용한 개수를 세어 보면
   ⬜ 모양 3개, ⬜ 모양 2개, ⚪ 모양 1개이므
   로 가장 많이 사용한 모양은 ⬜ 모양입니다.

4. ⚪ 모양의 일부분입니다.
8. ⬜ 모양을 왼쪽에 4개, 오른쪽에 1개 사용했습니다.
   ➡ ⬜ 모양은 모두 5개 사용했습니다.
9. 왼쪽: ⬜ 모양 3개, ⬜ 모양 2개, ⚪ 모양 1개
   오른쪽: ⬜ 모양 5개, ⚪ 모양 4개
   ➡ ⬜ 모양 3개, ⬜ 모양 2개, ⚪ 모양 1개를 사
   용하여 만든 모양은 왼쪽 모양입니다.

단원평가 3. 덧셈과 뺄셈

1. (위에서부터) 3, 2, 5
2. (1) 9 (2) 4
3. 5, 2, 7
4. 뺄셈식 6, 3, 3
   읽기 6 빼기 3은 3과 같습니다.
   6과 3의 차는 3입니다.

5.
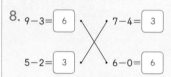

| 3+4 | ⟨7+2⟩ | 2+6 |
| 4+2 | ⟨5+4⟩ | 1+4 |

6. (1) 7 (2) 8 (3) 8 (4) 3
7. (1) + (2) −
8.
$9-3=\boxed{6}$ $7-4=\boxed{3}$
$5-2=\boxed{3}$ $6-0=\boxed{6}$

9.
2	3	6
7	8	4
1	3	5

10. 풀이 예 지희가 가지고 있는 구슬은 모두 4+5=9(개)이고, 민재가 가지고 있는 구슬은 모두 6+2=8(개)입니다. 9는 8보다 1만큼 더 큰 수이므로 지희가 민재보다 구슬을 1개 더 많이 가지고 있습니다.
    답 지희, 1개

5.
| 3+4=7 | ⟨7+2⟩=9 | 2+6=8 |
| 4+2=6 | ⟨5+4⟩=9 | 1+4=5 |

7. (1) 0+(어떤 수)=(어떤 수)이므로 0+7=7입니다.
   (2) 9−2=7

단원평가 4. 비교하기

1. (1) (   )
      (○)
   (2) (   ) (○)
2. (1) '짧습니다'에 ○ (2) '깁니다'에 ○
3. (1) (○) (   ) (2) (   ) (○)
4. (○) (△) (   )
5. (○) (   )
6. 가볍습니다
7. 다, 나, 가
8. 노란색 끈
9. 재호
10. 풀이 예 똑같은 컵이므로 컵에 담겨 있는 물의 높이가 낮을수록 컵에 담긴 물의 양이 더 적습니다. 따라서 컵에 담긴 물의 양이 더 적은 컵은 나입니다.
    답 나

1. (1) 물건의 왼쪽 끝을 맞추었으므로 오른쪽 끝이 더 많이 나온 아래 연필이 더 깁니다.
   (2) 물건의 아래쪽 끝을 맞추었으므로 위쪽 끝이 더 많이 나온 빨간색 색연필이 더 깁니다.
2. 물건의 왼쪽 끝을 맞추었으므로 오른쪽 끝을 비교합니다.
   (1) 지우개는 풀보다 더 짧습니다.
   (2) 풀은 지우개보다 더 깁니다.
3. 들어 올릴 때 힘이 더 적게 드는 것이 더 가볍습니다.
   (1) 풍선은 수박보다 더 가볍습니다.
   (2) 토끼는 코끼리보다 더 가볍습니다.
4. 넓은 것부터 순서대로 쓰면 칠판, 스케치북, 책입니다. 따라서 가장 넓은 것은 칠판, 가장 좁은 것은 책입니다.
5. 컵의 크기가 더 클수록 담을 수 있는 양이 더 많습니다.
6. 들어 올릴 때 힘이 더 적게 드는 것이 더 가벼우므로 리코더는 피아노보다 더 가볍습니다.

7. 색칠한 부분이 가장 넓은 것부터 차례로 기호를 쓰면 다, 나, 가입니다.

8.

따라서 더 긴 끈은 노란색 끈입니다.

9. 더 무거운 사람부터 씁니다.

재호와 경준이의 몸무게를 비교하면 경준이가 재호보다 무겁습니다. → 경준 — 재호

재호와 서희의 몸무게를 비교하면 재호가 서희보다 무겁습니다. → 재호 — 서희

➡ 경준 — 재호 — 서희

따라서 둘째로 무거운 사람은 재호입니다.

---

1. 10 / 십(열), 열(십)   2. (1) 10 (2) 4

3.

4. (1) 50 (2) 25   5. (○) (   )

6. (1) 14, 15, 17, 18
   (2) 32, 33, 34, 36, 37

7. '48'에 ○, '19'에 △

8. 46, 47, 48, 49

9.

10. 풀이 예 10개씩 묶음의 수가 다르므로 10개씩 묶음의 수가 더 작은 24가 30보다 작습니다. 따라서 책을 더 적게 읽은 사람은 슬기입니다.

답 슬기

5. 10개씩 묶음 3개와 낱개 4개인 수는 34입니다.
   37과 34는 10개씩 묶음의 수가 같으므로 낱개의 수가 더 큰 37이 34보다 큽니다.

7. 수의 크기를 비교할 때에는 먼저 10개씩 묶음의 수를 비교하여 10개씩 묶음의 수가 작은 수가 더 작습니다. 10개씩 묶음의 수가 같을 때는 낱개의 수를 비교하여 낱개의 수가 작은 수가 더 작습니다.

   ➡ 작은 수부터 차례로 쓰면 19, 29, 32, 47, 48이므로 가장 큰 수는 48이고, 가장 작은 수는 19입니다.

8. 50보다 작은 수에 50은 포함되지 않습니다.
   45보다 큰 수에 45는 포함되지 않습니다.

1. 사과의 수를 나타낸 것을 모두 찾아 ○를 하세요.

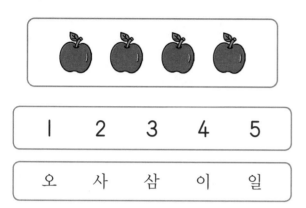

2. 수를 세어 쓰세요.

(1)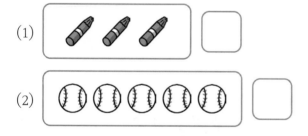

(2)

3. 나타내는 것이 다른 것을 찾아 ○를 하세요.

4. 순서에 맞게 빈 곳에 알맞은 수를 써넣으세요.

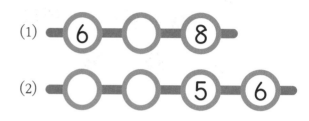

5. 더 큰 수에 ○를 하세요.

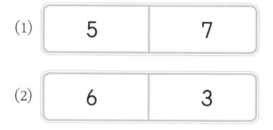

6. □ 안에 알맞은 수를 써넣으세요.

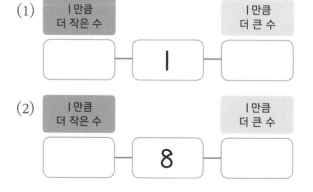

7.  와 🐰의 수를 비교해 보세요.

🐢 는 🐰 보다 (많습니다 , 적습니다).

4는 ☐ 보다 (큽니다 , 작습니다).

8. ☐ 안에 알맞은 수를 써넣으세요.

(1) 4보다 1만큼 더 작은 수는

☐ 입니다.

(2) 6보다 1만큼 더 큰 수는

☐ 입니다.

9. 큰 수부터 차례로 쓰세요.

| 4 | 7 | 9 | 2 |

(   )

서술형 문제

10. 연필과 지우개 중 더 많은 것은 무엇인지 풀이 과정을 쓰고, 답을 구하세요.

풀이

_____

_____

_____

_____

답 _____

1. 모양이 같은 것끼리 이어 보세요.

3. 물건은 모두 어떤 모양인지 찾아 ○를 하세요.

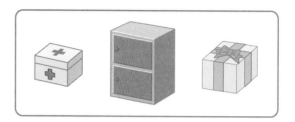

(, ,)

4. 일부분이 보이는 모양과 같은 모양의 물건을 찾아 ○를 하세요.

2. 오른쪽 모양과 같은 모양의 물건을 모두 찾아 ○를 하세요.

5. 설명에 알맞은 모양을 찾아 ○를 하세요.

굴려 보았을 때
여러 방향으로 잘 굴러갑니다.

(, ,)

6. 평평한 부분과 둥근 부분이 모두 있는 모양을 찾아 ○를 하세요.

(⬜ , 🔵 , ⚪)

7. 다음 모양을 만드는 데 사용한 모양을 모두 찾아 ○를 하세요.

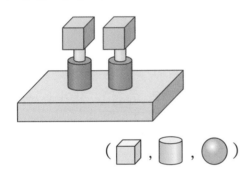

(⬜ , 🔵 , ⚪)

8. 두 모양을 만드는 데 🔵 모양은 모두 몇 개 사용했는지 쓰세요.

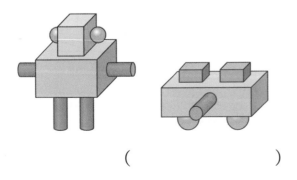

( )

9. ⬜ 모양 3개, 🔵 모양 2개, ⚪ 모양 1개를 사용하여 만든 모양을 찾아 ○를 하세요.

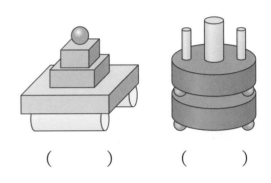

( ) ( )

서술형 문제

10. 다음 모양을 만드는 데 가장 많이 사용한 모양은 어떤 모양인지 고르고, 이유를 쓰세요.

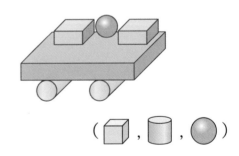

(⬜ , 🔵 , ⚪)

이유

_____

_____

_____

_____

점수   / 100

한 문제당 10점

1. 모으기를 해 보세요.

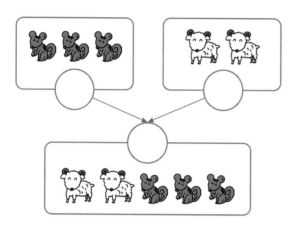

2. 모으기와 가르기를 해 보세요.

(1)

6   3

(2)

7

3

3. 그림을 보고 덧셈을 해 보세요.

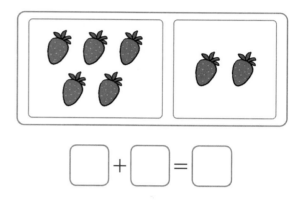

◻ + ◻ = ◻

4. 그림을 보고 뺄셈식을 쓰고 읽어 보세요.

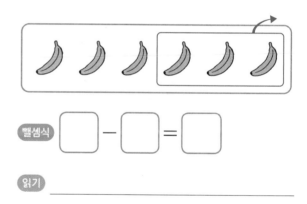

뺄셈식 ◻ − ◻ = ◻

읽기 _____

5. 합이 같은 두 덧셈에 ○를 하세요.

3+4	7+2	2+6
4+2	5+4	1+4

6. □ 안에 알맞은 수를 써넣으세요.

(1) $4+3=$ ☐

(2) $6+2=$ ☐

(3) $9-1=$ ☐

(4) $7-4=$ ☐

7. ○ 안에 ＋, －를 알맞게 써넣으세요.

(1) $0 \bigcirc 7=7$

(2) $9 \bigcirc 2=7$

8. □ 안에 차를 써넣고 차가 같은 것끼리 이어 보세요.

$9-3=$ ☐ •   • $7-4=$ ☐

$5-2=$ ☐ •   • $6-0=$ ☐

9. 모으기를 하여 9가 되는 두 수를 모두 찾아 묶어 보세요.

2	3	6
7	8	4
1	3	5

서술형 문제

10. 지희는 빨간 구슬을 4개, 노란 구슬을 5개 가지고 있고, 민재는 빨간 구슬을 6개, 노란 구슬을 2개 가지고 있습니다. 구슬을 누가 몇 개 더 많이 가지고 있는지 풀이 과정을 쓰고, 답을 구하세요.

풀이 _____

_____

_____

답 _____ , _____

1. 더 긴 것에 ○를 하세요.

(1)
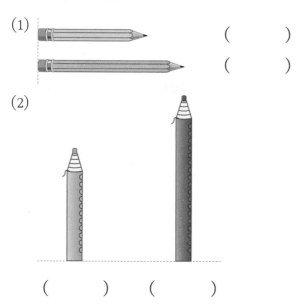
(   )
(   )

(2)

(   )   (   )

2. 알맞은 말에 ○를 하세요.

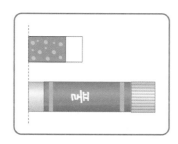

(1) 지우개는 풀보다

더 (깁니다 , 짧습니다).

(2) 풀은 지우개보다

더 (깁니다 , 짧습니다).

3. 더 가벼운 것에 ○를 하세요.

(1)

(   )   (   )

(2)

(   )   (   )

4. 가장 넓은 것에 ○를, 가장 좁은 것에 △를 하세요.

(   )   (   )   (   )

5. 담을 수 있는 양이 더 많은 것에 ○를 하세요.

(   )   (   )

6. □ 안에 알맞은 말을 써넣으세요.

리코더는 피아노보다

더 [   ].

7. 색칠한 부분이 가장 넓은 것부터 차례로
기호를 써 보세요.

가	나
다	

(   )

8. 파란색 끈 2개와 노란색 끈 1개의 길이
가 같습니다. 파란색 끈과 노란색 끈 중
에서 더 긴 끈은 어느 것인가요?

(   )

9. 둘째로 무거운 사람은 누구인가요?

(   )

서술형 문제
10. 똑같은 컵에 물을 따랐을 때, 컵에 담긴
물의 양이 더 적은 컵은 무엇인지 풀이
과정을 쓰고, 답을 구하세요.

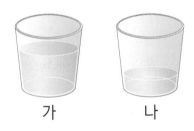

가   나

풀이
_____
_____
_____
_____

답 _____

1. ☐ 안에 알맞은 수나 말을 써넣으세요.

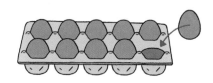

- 9보다 1만큼 더 큰 수는

  ☐ 입니다.

- ☐ 또는 ☐ 이라고 읽습니다.

2. 모으기와 가르기를 해 보세요.

(1) 7   3

☐

(2) 10

6   ☐

3. 수를 바르게 읽은 것끼리 이어 보세요.

| 13 | • | | • | 십삼 |

            • 서른둘

| 32 | • | | • | 삼십이 |

            • 열셋

4. ☐ 안에 알맞은 수를 써넣으세요.

(1) 10개씩 묶음 5개 ➡ ☐

(2) 10개씩 묶음 2개와 낱개 5개

         ➡ ☐

5. 더 큰 수에 ○를 하세요.

| 37 | 10개씩 묶음 3개와 낱개 4개인 수 |

(   )   (   )

6. 수를 순서대로 써넣으세요.

(1)

(2)

7. 가장 큰 수에 ○를, 가장 작은 수에 △를 하세요.

47 48 32 19 29

8. 50보다 작은 수 중에서 45보다 큰 수를 모두 써 보세요.

(   )

9. 모으기를 하면 13이 되는 두 수를 모두 찾아 묶어 보세요.

8	5	1
6	4	9
3	7	2

서술형 문제

10. 방학 동안 책을 슬기는 24권 읽었고, 민희는 30권 읽었습니다. 책을 더 적게 읽은 사람은 누구인지 풀이 과정을 쓰고, 답을 구하세요.

풀이

_____

_____

_____

_____

답 _____